化学工业出版社"十四五"普通高等教育系列教材

园林设计

YUANLIN
SHEJI

唐 强 主编

化学工业出版社
·北京·

内容简介

本书以新时期园林设计的主流思想为背景，在概述园林设计、景观设计、园林规划等主要概念，介绍园林设计新时代要求与发展趋势以及园林设计规范法规的基础上，系统阐述了人本化、生态优先、文化传承与创新融合性三大新时期园林设计主流思想，并结合这些思想将园林设计专题分为三大类七小类。详细介绍了各专题的设计关注要点，分别精选 2～3 个典型案例讲述了融合前沿设计理念的方法，以使教材内容符合当前学科教育及行业发展的多维需求。

本书既可作为高等院校风景园林、环境艺术设计、景观设计及相关专业教学用书，也可供从事园林、旅游规划、城市规划等领域的从业者学习和参考。

图书在版编目（CIP）数据

园林设计 / 唐强主编. -- 北京：化学工业出版社，2025. 8. -- （化学工业出版社"十四五"普通高等教育规划教材）. -- ISBN 978-7-122-48411-6

Ⅰ. TU986.2

中国国家版本馆 CIP 数据核字第 2025T5X436 号

责任编辑：孙高洁　刘　军　　　　　文字编辑：李　雪
责任校对：王鹏飞　　　　　　　　　装帧设计：王晓宇

出版发行：化学工业出版社
　　　　　（北京市东城区青年湖南街 13 号　邮政编码 100011）
印　　装：北京盛通数码印刷有限公司
787mm×1092mm　1/16　印张 8¾　字数 210 千字
2025 年 9 月北京第 1 版第 1 次印刷

购书咨询：010-64518888　　　　　售后服务：010-64518899
网　　址：http://www.cip.com.cn
凡购买本书，如有缺损质量问题，本社销售中心负责调换。

定　　价：49.80 元　　　　　　　　版权所有　违者必究

本书编写人员名单

主　　编：唐　强

副 主 编：关正君　陈志伟　张春涛

参编人员：(按姓名的汉语拼音排序)
　　　　　樊　磊　傅怡洁　历成凯
　　　　　牛平怡　宋佳哲　薛志杰
　　　　　赵美萍　赵彦博　赵紫含
　　　　　郑中秋

前言
PREFACE

当今社会，园林设计作为一门既富有艺术性又具备科学性的学科，正在经历前所未有的变革与发展。随着时代的进步与技术的不断创新，园林设计的理念、方法和应用领域都发生了显著的变化。本书旨在为园林设计学科的学习者和从业人员提供系统、全面的指导，帮助他们在新时代的背景下，全面掌握园林设计的核心思想、方法论与实践技巧。

本书的编写立足于园林设计的新时代需求，并融入了课程思政的理念，强调"以学生为中心"的教学理念。本书整合了人本化景观设计、生态优先景观设计以及文化传承与创新融合性景观设计等主要设计思想，为读者提供了一个跨学科、跨领域的思考框架，也能够帮助学生和设计师更好地理解和应对当今社会和自然环境的变化。

本书内容涵盖了园林设计的多个维度。从绪论部分的园林设计概述、发展趋势，到具体的设计专题，如城市公共空间设计、自然景观设计、文化街区与文创园区设计等，每个设计专题不仅关注设计的理论与思想，还通过典型案例分析，帮助读者理解这些设计理念如何在实际项目中得到应用。

通过对本书的学习，读者将能够掌握园林设计的基本理论、方法及其应用，同时能培养其对园林设计未来发展趋势的敏锐洞察力。本书力图通过设计教育的方式，提升学生的社会责任感与文化自信，培养他们对生态环境保护、历史文化传承等议题的关注，引导他们进行深入思考。

希望本书能成为园林设计学科教学和实践的有力工具，帮助更多设计者在快速变化的环境中，找到属于自己的创作方向和创新路径。在园林设计领域的探索中，不仅要追求美的创造，更要承担起改善人类生活质量、推动社会可持续发展的责任。

最后，感谢沈阳观杉园林工程设计有限公司、沈阳水木清华景观规划设计咨询有限公司、辽宁合纵设计咨询有限公司、沈阳市园林科学研究院为本书提供相关设计案例及技术支持，感谢吉林建筑大学、沈阳农业大学部分师生为本书提供相关资料。

园林设计是一门综合性学科，涉及的内容繁杂宽泛，鉴于编者的水平所限，书中难免出现纰漏和不足之处，敬请广大读者提出宝贵意见，以便于修订改正。

编　者

2025 年 3 月

目录
CONTENTS

第一章 绪 论

第一节 园林设计主要概念与区别

 ‹ **思想导航**

（1）生态文明与环境保护意识　引入中国生态文明建设的相关政策，鼓励学生在未来的设计实践中积极践行绿色发展理念，增强他们保护自然、尊重自然的责任感。

（2）文化认同与自信　通过介绍中国园林文化的独特性与历史价值，激发学生对中华文化的认同感和自信心。

（3）社会责任与服务意识　鼓励学生在园林设计中考虑不同群体的需求，特别是弱势群体的需求，通过人本化设计为社会提供更好的公共服务。

（4）可持续发展理念　培养学生在未来工作中注重节约资源、减少浪费，树立"绿水青山就是金山银山"的可持续发展理念。

园林设计不仅仅是创造美观的景观空间，更是一种融合了生态保护、文化传承、环境改善和社会服务的重要实践。本节介绍园林设计主要概念与区别，旨在帮助学生建立对园林设计这一学科的基本认识，了解其核心原理与功能。

一、园林与风景园林

1. 定义

（1）园林　园林是指在一定地域运用工程技术和艺术手段，通过改造地形（或进一步筑山、叠石、理水）、种植树木花草、营造建筑和布置园路等途径创作而成的美的自然环境和游憩境域。它是为人们提供游览、休憩、观赏的场所，是应用艺术和技术手段创造出来的一种自然环境和人文景观的融合体。

（2）风景园林　风景园林是一种将自然景观与人工设计相结合的学科和艺术形式。它涉及对土地、水体、植物和建筑等园林要素进行规划、设计、管理和维护，旨在创造出美丽、舒适、功能性和生态可持续的户外空间。

2. 主要区别

（1）学科归属与培养方向　园林属于农学范畴，主要培养具备植物学、林学、园艺学等方面知识和技能的人才，注重植物栽培、养护和管理。而风景园林则属于工学范畴，更侧重于规划与设计领域，培养具备建筑、规划、设计等方面能力的人才，注重景观规划、设计和工程管理等。

（2）专业内容与课程设置 园林专业的课程主要包括植物学、植物生理学、林学概论、园林植物栽培与养护等，注重植物方面的知识和技能培养。而风景园林专业的课程则涵盖景观设计原理、城市规划原理、建筑设计基础、计算机辅助设计等，更强调规划和设计方面的能力。

（3）就业方向与职业发展 园林专业的毕业生通常从事园林植物的栽培、养护、管理等工作，也可以在园林规划设计、施工企业等领域发展。而风景园林专业的毕业生则更多从事景观设计、规划、管理等方面的工作，可以在建筑设计院、规划设计院、景观设计公司等单位就业。

二、园林设计、景观设计与园林规划

1. 定义

（1）园林设计 园林设计是指在自然环境和人工环境中，通过对植物、地形、水体、建筑等元素的合理组合和布局，创造出兼具美学、功能性和生态友好的室外空间的过程。园林设计旨在实现人们对于自然环境的需求，同时考虑空间的实际使用功能和环境保护的目标。园林设计师通常会综合考虑景观美学、植物选择、空间规划、生态环境、地形地貌等因素，通过设计和布局园林植物、水景、绿化带等，创造出具有艺术性、舒适性和功能性的室外空间。

（2）景观设计 景观设计是指对自然和人工环境中的室外空间进行规划、设计和管理的过程。景观设计旨在通过对地形、植被、水体、建筑、道路等元素的合理组合和布局，创造出具有美学、功能性和可持续性的室外环境。景观设计师通常会综合考虑景观美学、生态环境、社会文化、经济因素等，通过设计和规划，营造出适宜人们居住、工作、休闲的室外空间。景观设计的范围涵盖了各种类型的室外空间，其目标是实现人与自然、人与社会之间的和谐互动，提高环境质量，提升人们的生活品质和健康水平。

（3）园林规划 园林规划是指对园林和绿化空间进行系统性的规划和设计，旨在创造出美观、功能完善、生态平衡和可持续发展的绿色环境。园林规划通常涉及城市绿地系统、公园、景观绿化、生态保护区、乡村绿化等各种类型的绿化空间。其目标是通过合理的布局和设计，实现城市绿化、生态保护和人与自然环境的和谐共生。园林规划需要考虑城市发展、环境保护、生态平衡和社会需求等多方面因素，以实现绿色、健康、宜居的城市环境为最终目标。

2. 主要区别

园林设计、景观设计和园林规划在很多方面有重叠，但也有一些区别。园林设计通常更侧重于对植物、花园和绿化等元素的设计和规划，强调营造美学和功能性的户外空间；它更加注重创造出具有艺术性和观赏性的环境，常常涉及花园设计、植物配置、景观雕塑等方面。而景观设计更侧重于对特定场地的美学和功能性设计，包括公共广场、居住区环境、商业区等各种室外空间；它注重于创造美观、舒适、实用的环境，强调对细节的处理和对人们感官体验的影响。园林设计可以看作是景观设计的一个子集，景观设计的范围更广，涵盖了更多类型的室外空间和更多元素的设计。而园林规划则更侧重于对园林和绿化空间进行整体性的规划和布局，需考虑更广阔的范围，包括城市绿地系统、生态保护区、乡村绿化等，注重对整个区域的绿化布局、生态环境保护、可持续发展等方面的规划。

从以上分析可见，园林设计和景观设计更加注重于细节的美学和功能性，而园林规划更侧重于对整体绿化空间的规划和管理。园林设计和景观设计在应用过程中往往可以重叠使用。

练习习题

1. 简述园林与风景园林的定义及其主要区别。

2. 从学科归属、专业内容和就业方向三个方面比较园林与风景园林的异同。

3. 阐述园林设计与景观设计的关系及区别，并举例说明。

4. 结合当前生态文明建设的要求，探讨园林设计应如何体现可持续发展理念。

5. 从社会责任的角度，分析园林设计对城市居民生活质量的提升作用。

第二节　园林设计新时代要求与发展趋势

〈 思想导航

（1）社会责任与人文关怀　使学生认识到园林设计对提升城市居民生活质量、促进社会和谐的重要性，培养学生对服务社会的责任感与在设计中对弱势群体的关怀意识。

（2）生态文明与可持续发展　结合国家生态文明建设理念，帮助学生树立绿色发展观，重视资源节约与环境保护，为可持续的社会生态环境作出贡献。

（3）文化传承与创新融合　新时代背景下，学生要在设计中融入中华优秀传统文化，同时勇于创新，创造既具有历史文化深度，又符合现代审美需求的园林景观，增强文化自信。

一、园林设计新时代要求

在新时代背景下，园林设计面临新的挑战与机遇，设计理念和实践必须与时俱进，以满足社会、生态和文化的多重需求。

1. 人本化与多功能性设计

园林设计的核心在于满足人类生活的需求，注重功能与美学的有机结合。在新时代，人本化思想要求园林设计不仅要美观，还要符合人们的生活、娱乐、休闲和社交需求，提升使用者的幸福感和生活质量。

（1）以人为本的设计理念　"人本化"强调设计的出发点是人，关注人在空间中的感受、行为和需求。园林设计不再仅仅是为观赏而生，更是为人们的实际生活服务。设计应通过细致的人本化考虑，使每一个使用者都能在园林空间中获得舒适和愉悦的体验。人本化设计需要关注老年人、残障人士等弱势群体的需求，确保园林设施的无障碍化。例如，设置平缓的坡道、无障碍卫生间和适合轮椅通行的路径。园林设计要注重细节，为使用者提供舒适的空间体验。例如，合理配置休息座椅、遮阳设施，确保夜间照明的安全性，提供干净的卫生设施等。

（2）多功能空间的创造　园林设计应满足现代人多样化的生活需求，不仅是观景，还要结合娱乐、休闲、健身、教育等功能。因此，园林需要具有多功能性，设计的空间应灵活、多样，能够满足各种活动需求。设计应创造能够促进人际互动的社交空间，增强社区凝聚力，如社区广场、露天剧场等；在园林中设置专门的健身步道、跑道、运动场地等，鼓励人们参与户外活动，如设计适合不同人群的健身器械区域、篮球场、足球场等；为儿童和家庭提供安全、丰富的活动空间，如儿童游乐园、沙滩区、亲子活动区等。

（3）健康与福祉导向的设计　园林作为人们放松和康复的重要场所，应当在设计中充分关注人们的身心健康。植物和水景等自然元素具有抚慰人心的作用。通过精心设计的绿化景观，营造安静、宜人的环境氛围，有助于改善人们的情绪和心理健康。可以在园林中设置康复步道、专门的康养区域等，结合自然疗法，让人们在园林中获得身体和心理的双重放松，特别是为老年人群提供适合的康养环境。

（4）弹性和适应性设计　园林设计的多功能性还要求空间具有弹性，能够根据不同时间和需求灵活转换。一个广场在平时可以作为休憩场所，而在节庆或社区活动时可以用作集会或表演空间。园林设计要考虑不同季节对功能的需求，例如冬季可以设置滑冰场，夏季则可布置遮阳设施和喷泉戏水区，确保四季都能使用。

2. 生态优先与可持续发展

新时代园林设计的重要要求是遵循生态优先的理念，强调人与自然的和谐共生，追求可持续发展。设计应尽量减少对自然环境的破坏，积极恢复生态系统，促进自然资源的合理利用和循环利用。

（1）生态优先　生态优先意味着在园林设计中，应尊重并保护现有的自然生态系统，避免对环境的过度干预或破坏。园林设计应尽量保留现有的植物和动物栖息地，选择本地适应性强的植物种类，避免引入外来物种，以维护区域内的生物多样性。针对已经受到破坏的区域，设计应通过生态修复手段，如湿地重建、植被恢复、河流治理等，重新建立健康的生态系统，提升区域的生态功能和环境质量。设计中应最大程度减少对自然景观的干预，如避免过度平整土地或大规模砍伐植被，采用顺应地形的设计手法，保护原有地貌、水体等自然特征。

（2）水资源管理与海绵城市理念　水资源是园林生态系统中的重要组成部分，合理的水资源管理是生态优先的关键。海绵城市理念主张通过园林和城市基础设施设计来自然地吸收、存储和净化雨水，减少城市洪涝问题，并使水资源得到高效利用。可通过设计渗透性铺装、雨水花园、植草沟等设施，将雨水渗入地下，补充地下水，同时减少地表径流，防止水土流失；设置人工湿地系统或生态池塘，利用植物和土壤的自然净化功能处理污水和雨水，从而减少污染，提升水质；引入雨水收集装置，将雨水经过处理后用于园林灌溉或景观用水，既可节约水资源，又能减轻城市排水系统的负担。

（3）能源节约与低碳设计　在可持续发展的框架下，园林设计应当尽量减少能源消耗，推动低碳设计和绿色技术的应用，通过提高能源利用效率减轻对环境的压力。在园林设计中，可以利用太阳能、风能等可再生能源为照明、供热和维护系统提供能源。例如，安装太阳能灯具、风力发电装置等，减少传统能源的使用。对于园林中的建筑物和配套设施，设计应采用环保材料，并通过合理的朝向、遮阳、自然通风等方式减少对人工采光和空调系统的依赖。在园林的建造过程中，设计应考虑缩短建材的运输距离，选用本地材料和可再生资源，降低建设过程中的碳排放。同时，鼓励使用低能耗的施工设备，减少施工阶段的能源消耗。

（4）废物管理与循环经济　可持续园林设计强调废物的减量化和资源的循环利用，推动循环经济的发展。通过有效的废物管理，可以减少对环境的污染，提升资源利用率。将园林中的枯枝落叶、剪枝等有机废物进行堆肥处理，生成有机肥料，用于园林中的植物养护，形成资源的闭环利用。设置合理的垃圾分类和回收设施，鼓励园林使用者进行垃圾分类，同时引入可回收材料制作园林设施，减少废弃物的产生。在园林建设和管理中，应尽量减少使用一次性塑料产品，推广可降解材料或可重复使用的设备，如使用可降解的花盆、包装材料等。

（5）自然与人居环境的融合　可持续发展的园林设计不仅要满足生态保护的要求，还需要确保人们的生活需求与自然环境和谐共存。设计应通过自然景观与人居环境的融合，创造出既具功能性又符合生态原则的园林空间。设计具有生态功能的公园绿地，使其作为城市居民的休憩空间，同时这些公园绿地还能为城市提供调节气候、净化空气的生态服务。将园林绿地设计为城市的绿色基础设施，连接自然与城市空间，形成生态廊道和缓冲带，调节城市微气候，提升环境质量。园林设计应融入城市总体规划中，推动绿色交通网络的构建，增加城市绿化覆盖率，减少城市热岛效应。

（6）环境教育与公众参与　可持续发展不仅仅是设计师的责任，还需要公众的广泛参与和意识提升。在园林设计中，设置环境教育功能和公众参与机制，可以增强社会的环境保护意识。园林中可以设置生态展示区，展示各种生态技术的应用，如雨水花园、绿色屋顶、人工湿地等，教育公众了解生态保护和可持续发展的重要性。通过鼓励社区居民参与园林的维护、管理和设计，增强他们对环境的责任感和归属感，共同推动园林的可持续发展。园林设计可以通过宣传绿色生活方式，如垃圾分类、低碳出行等，推动公众在日常生活中践行可持续发展理念。

3. 文化传承与创新融合

园林设计应体现地方文化和历史的传承，同时结合创新手段，满足现代社会的审美和功能需求。文化传承与创新融合的设计不仅能保留历史韵味，还能增强园林的独特性和吸引力。

（1）尊重和保留地方文化特色　在园林设计中，文化传承的第一步是尊重地方的历史文化背景，保留具有独特性的文化符号和传统元素。这包括传统的建筑形式、园林布局、装饰手法以及文化活动场所的保护和展现。设计应延续经典园林的空间布局与组织形式，如中国园林中的"借景""对景"手法，或是欧洲园林中的几何布局，通过这些结构保留园林的文化韵味和独特风貌。进行建筑设计时，如亭子、廊桥、门楼等，应融入地方性的建筑风格，保留传统建筑形式、材料和工艺。例如，在设计中保留古代民居的形态和建造技艺，延续村落或园区的历史氛围。

（2）文化符号的创新表达　文化传承不仅是简单的复制和保留，还需要通过现代设计语言进行创新表达，使其与现代人的生活方式和审美趣味相契合。通过创新手段重新诠释传统文化符号，设计可以在保持文化内涵的同时，注入新的生命力。设计中可以通过抽象的艺术表达方式，对传统文化元素进行再创作。例如，利用现代雕塑、装置艺术重新诠释传统的山水文化、龙凤图腾等，将传统元素转化为符合现代审美的艺术景观。在建筑和景观设计中，可以结合现代建筑材料（如玻璃、钢铁等）与传统的构造方式（如木结构、砖石工艺），创造出既具有传统韵味又具现代感的设计。例如，现代技术下的竹结构建筑，既传承了竹建筑的轻巧和自然性，又通过现代工艺实现了更多功能需求。

（3）文化活动的再现与创新　园林设计中的文化传承不仅体现在物质空间的保留上，也体现在传统文化活动的重现与创新上。设计中保留和规划广场、庙宇、祠堂等传统文化活动的场地，提供适合传统节庆、庙会、婚礼等活动的空间。这不仅可以传承和展示文化，还可以增强园林的活力和社交功能。除了传承传统活动外，园林设计还可以结合现代文化需求，增加演出、展览、集市等多功能活动空间。通过这些创新活动形式，使传统文化与现代生活紧密结合，增强园林的社交性与互动性。

（4）场所精神与文化认同感的提升　园林设计中的文化传承与创新融合还可以通过塑造具有强烈文化认同感的场所精神来实现。设计师通过精心营造能够反映地方历史文化与自然环境特征的场所，使园林不仅成为休憩娱乐的空间，更成为体现文化价值的象征。设计可以通过对历史事件、人物、风俗习惯的纪念，营造具有历史深度的文化场所。例如，通过设置纪念碑、浮雕墙等展示村落或城市的历史发展，增强游客对该地文化的理解和认同。还可以利用传统的自然景观元素，如山、水、石、树等，结合当地文化特色，创造具有象征意义的文化景观。如通过传统山水画的理念布置园林中的山水景观，传递文化中的审美追求和哲学思想。

（5）文化与生态的共生　在现代设计中，文化传承与创新不仅是文化本身的延续，还应与生态设计结合，实现文化与自然的共生关系。生态优先理念与传统文化有着深厚的联系，许多传统园林设计中，本就蕴含着尊重自然、顺应自然的生态智慧。如中国古典园林中的水系调节、植被层次搭配等，都是与自然共生的设计手法。现代设计中，可以延续这些传统做法，并结合现代技术实现更高的生态效益。在文化园林中，现代技术如雨水收集系统、透水铺装、节能照明等可以与传统设计理念结合，这样既传承了文化，又实现了生态保护。例如，传统村落中的水道系统可以与现代水资源管理技术结合，形成现代化的可持续水系景观。

（6）游客体验与文化传播　新时代的园林设计不仅要传承和创新文化，还需要考虑如何通过设计增强游客的体验和参与感，使园林成为传播文化的有效载体。设计可以通过互动设施、数字化展示等手段，将文化体验融入园林空间中，增强游客的参与感。通过设置互动式展览、体验区，让游客在参与过程中了解和体验传统文化。例如，游客可以参与传统手工艺制作、观看古典音乐表演，甚至通过现代科技手段［如增强现实（AR）、虚拟现实（VR）等］沉浸式体验传统文化场景。在园林中，利用数字化技术，如电子导览、虚拟解说等，可以增强游客对文化历史的理解。同时，结合现代智能设备，可以为游客提供个性化的文化体验。

二、园林设计的发展趋势

1. 生态学观念与方法的运用

（1）生态平衡与可持续性　未来的园林规划将更加注重生态平衡和可持续性，强调在规划设计中保护和恢复生态系统，维护生物多样性，减少对自然环境的干扰和破坏。同时，将注重资源的节约和循环利用，推动可持续发展。

（2）近自然理念　近自然理念强调园林规划应尊重自然、模拟自然，以自然为师，尽可能减少人为干预，保持生态系统的完整性和稳定性。这一理念将在未来的园林规划中得到更广泛的应用，以创造更加自然、生态的园林环境。

（3）生态恢复与修复　随着城市化的加速，许多城市的生态环境遭受到不同程度的破坏。未来的园林规划将更加注重生态恢复与修复，可通过植被恢复、水体净化、土壤改良等手段，改善城市生态环境，提高城市生态质量。

（4）生态系统服务功能　未来的园林规划将更加注重生态系统服务功能的发挥，如提供清新的空气、调节城市气候、改善城市热岛效应、提供休闲游憩场所等，以满足人们对美好生活的需求。

（5）生态设计与低碳技术　在园林规划设计中，将更加注重生态设计和低碳技术的应用，如利用太阳能、风能等可再生能源，采用雨水收集、中水回用等节水技术，推广使用环保材料和绿色植物等，以减少碳排放和对环境的影响。

2. 个性化发展和精细化设计

随着人们需求的日益增多，现代风景园林设计更加注重个性化和精细化。设计师需要在规划设计中挖掘更多地方文化和历史遗存，以满足人们对独特性和个性化的追求。

（1）独特性与创新性　个性化发展强调园林规划设计的独特性和创新性。这意味着设计应该突破传统模式，追求新颖、独特的设计理念和手法。设计师需要关注社会、文化、环境等多方面的变化，将这些元素融入设计中，创造出具有个性和辨识度的园林景观。

（2）人文关怀与功能需求　精细化设计注重人文关怀和功能需求的满足。设计师需要深入了解用户的需求和喜好，考虑不同人群的使用习惯和审美偏好，从而创造出符合人本化、舒适性和实用性的园林空间。同时，设计还需要关注当地的文化特色和历史传承，将这些元素融入设计中，增强园林的文化内涵和吸引力。

（3）艺术与科学的结合　个性化发展和精细化设计需要艺术与科学的结合。设计师需要运用现代设计理论和技术手段，进行精确的数据收集和分析，为设计提供科学依据。同时，还需要注重艺术性和审美价值的体现，创造出具有美感和艺术感染力的园林景观。

（4）精细化施工与管理　个性化发展和精细化设计需要精细化的施工和管理。在施工过程中，需要严格按照设计图纸和规范进行，确保施工质量和效果。同时，还需要建立完善的维护和管理体系，确保园林的长期发展和可持续性。

3. 节约型景观与可持续发展观

（1）生态优先与保护　尊重自然生态系统，保护场地的自然特征，避免过度开发和干扰。保护和恢复生物多样性，通过选用本地植物、构建生态群落等方式，促进生态系统的健康和稳定。优先利用自然资源和生态过程，如雨水收集、自然通风等，减少对人工系统的依赖。

（2）资源高效利用　合理利用土地资源，避免过度开发和土地浪费，通过垂直绿化、屋顶绿化等方式增加绿量。优先选择适应性强的本地植物和耐旱、抗病虫害的品种，减少长途运输和外来物种的引入。使用可再生和回收材料，如木材、竹子等，减少对非可再生资源的依赖。

（3）能源节约与可再生能源利用　采用太阳能、风能等清洁能源为园林设施提供动力，减少对传统能源的依赖。优化照明、灌溉等系统的设计和选型，提高能源利用效率，减少能源消耗。考虑使用智能控制系统，实现设备的自动化管理和节能运行。

（4）水资源管理与节水措施　建立雨水收集系统，利用雨水进行灌溉和景观营造，减少对自来水的依赖。采用节水型灌溉系统，如滴灌、渗灌等，提高水分利用效率。优化植被配置，选择耐旱、节水的植物品种，减少灌溉需求。

（5）社区参与与教育　鼓励社区居民参与园林规划设计和建设过程，提高他们对节约型景观和可持续发展观的认识和参与度。开展相关教育活动，普及节约资源和保护环境的知识，提升公众的环保意识和责任感。与当地社区合作，共同推动园林的维护和管理，形成全社会共同参与节约型景观营造的良好氛围。

4. 跨学科合作和数字化技术的应用

园林规划设计趋向于跨学科合作，整合建筑学、城市规划、生态学、环境科学等多个学科的知识。同时，数字化技术的应用也成为园林规划设计的重要趋势，如利用人工智能生成内容（AIGC）、AR、VR、扩展现实（XR）等先进技术，提升设计效率和质量。

（1）实现跨学科合作　组建由不同学科背景的专业人员组成的团队，包括建筑师、景观设计师、生态学家、环境工程师等。这样的团队能够整合不同学科的知识和技能，共同解决园林规划中的复杂问题。跨学科合作的关键在于加强沟通与协作。团队成员应充分交流思想、分享经验和知识，共同制定工作计划和目标，定期召开跨学科会议，讨论进展和问题，促进合作关系的深化。可鼓励团队成员主动分享自己的专业知识和经验，学习他人的专业知识，实现知识的共享与整合。通过整合不同学科的知识，可以产生新的创意和解决方案，推动园林规划设计的创新和发展。

（2）应用数字化技术　建立关于园林景观设计的数据库，收集相关信息数据，如地理地形图、网络数据库等。通过综合各方面资料和数据，实现资料的信息化和数字化。同时，通过现场勘查等方式采集各地区的自然环境、风景名胜、民俗风情等方面的信息，充实和核对数据库。利用三维建模技术，将收集到的数据上传至计算机，由设计师进行园林景观的初步设计。通过专业的三维造型软件，如 3DS 等，制作出初步的三维模型，确认设计方案的合理性。这有助于塑造立体空间中的设计，实现信息的立体化。虚拟现实技术可以将用户带入一个以数字化呈现的虚拟环境中，让用户体验到真实园林空间的感觉。在园林规划设计中，可以利用虚拟现实技术预览设计效果，并对其进行优化和调整。这不仅可以减少设计中的错误和不必要的修改，还可以帮助设计师更好地与客户沟通和协作。利用数字化分析工具，如地理信息系统（GIS）和遥感技术等，可以对园林规划设计的各个方面进行分析和评估。这些工具可以帮助设计师更好地了解场地的自然特征、生态环境和社会经济背景，为设计提供更全面和准确的数据支持。

5. 行为科学与人本化景观环境

（1）用户参与和需求调研　在规划和设计过程中，设计师应积极与用户进行沟通和交流，了解他们的需求、喜好和习惯。可以通过问卷调查、座谈会、参与式设计等方式，让用户参与到设计决策中，以确保景观设计符合他们的期望和需求。

（2）多功能性和灵活性　景观设计应具备多功能性，能够满足不同人群的需求和活动。设计师可以在园林中设置不同的活动区域，例如休闲区、儿童游乐区、运动区等，以适应不同人群的使用习惯。同时，设计应具备灵活性，允许人们根据实际需求进行个性化的使用和改造。

（3）人本化的空间布局　设计师可以通过合理的空间布局来创造人本化的景观。例如，合理设置道路和路径，方便人们的行走和导引，同时要考虑无障碍通行的要求。还可以创造私密空间和社交空间的平衡，提供供人们放松和交流的场所。

（4）自然元素和心理效益　景观设计应尽可能融入自然元素，如植物、水体、景观石等，以创造舒适、宜人的环境。自然元素被证明能够提供心理效益，如减轻压力、提高注意力、增强幸福感等。因此，设计师可以通过合理的植物配置、水景设计和色彩运用等手法，营造出令人愉悦和舒适的景观环境。

（5）文化和历史传承　景观设计可以融入当地的文化和历史元素，以增加景观的意义和认同感。设计师可以通过艺术装置、雕塑、纪念碑等方式，展示当地的传统和故事，为人们提供社区和历史的连接纽带。

（6）可持续性和健康促进　人本化的景观设计应考虑到人们的健康和福祉。设计师可以创造出有利于身心健康的环境，如提供舒适的座椅、遮阴地、健身设施等。同时，设计应注重可持续性，例如提供饮水设施、垃圾分类回收桶等，方便人们的生活和环保行为。

6. 地域特征与文化表达

（1）地域特征的体现　考虑当地的地理、气候、植被等特征，选择适宜的植物和景观元素，使园林与周围环境相协调。

（2）本土植物的运用　选择当地原生植物或者与当地气候环境相适应的植物，以体现地域特征，增强园林的生态可持续性。

（3）历史文化的传承　考虑当地的历史文化，将当地的传统建筑、艺术元素等融入园林设计中，以展现当地的文化底蕴。

（4）传统手工艺的应用　将当地的传统手工艺融入园林设计中，如石雕、木雕、编织等，以彰显地域特色和文化传统。

（5）文化主题的设置　根据当地的文化特点，设计具有特色的文化主题园区，如茶园、诗意园等，以展现当地的文化魅力。

（6）艺术品与雕塑的布置　在园林中设置当地艺术家的雕塑、壁画等艺术品，以展现当地的艺术氛围和文化内涵。

7. 场所再生与废弃地景观化改造

（1）场地评估与规划　对废弃地进行详细评估，包括土壤状况、地形地貌、植被覆盖等，确定再生与改造的可行性。制定规划方案，包括景观设计、植被配置、设施布局等。

（2）生态修复与植被选择　进行生态修复，包括土壤改良、植被恢复等，选择适应当地气候和土壤条件的植物，以实现生态系统的再生。

（3）设施建设与功能规划　根据规划方案，建设适宜的设施，如步道、休息区、游乐设施等；规划功能分区，如休闲区、运动区、文化展示区等。

（4）可持续性考虑　在设计中考虑可持续性，采用可再生材料、节能照明、雨水收集利用等措施，以减少资源消耗和对环境的影响。

（5）社区参与与互动体验　鼓励社区居民参与废弃地景观化改造，提供互动体验的设计元素，如社区农园、户外表演场地等，增强社区凝聚力。

（6）文化传承与地域特色　在改造设计中融入当地的文化特色与历史传统，如艺术雕塑、文化展示墙等，展现地域特色。

通过以上步骤,可以实现废弃地的景观化改造,将废弃地转化为具有生态、文化和社区功能的园林空间,为社区居民提供美丽、舒适的休闲场所。

8. 气候适应性设计

随着气候变化的影响日益凸显,园林规划设计越来越关注气候适应性,可通过选择适应当地气候的植物、设计防洪和防风的结构等方式来应对不断变化的气候条件。

(1)气候数据分析 设计师需要收集和分析当地的气候数据,了解气温、降水、风速等气候特征的变化趋势和潜在影响。这可以帮助设计师更好地理解当前和未来的气候风险,并为设计提供科学依据。

(2)绿地和水体规划 增加绿地覆盖面积和做好水体规划是气候适应性设计的重要策略之一。绿地可以提供阴凉和蒸发冷却效应,降低城市热岛效应,并增加空气湿度。水体可以调节气温,改善空气质量,并缓解洪水和干旱等极端天气事件的影响。

(3)防风减灾设计 在设计中考虑风的影响,采取相应的措施来减少风的侵袭。例如,通过合理的植物配置和景观元素布置来形成防风带,降低风的速度并减轻其影响。此外,设计中还可以考虑设置遮蔽物、隔风墙等结构来保护人们免受强风的影响。

(4)抗洪排涝设计 气候变化可能导致降雨量增加和洪水风险增加。设计师可以考虑采用自然水文系统、蓄水设施和雨水收集系统等措施来减少洪水的影响。合理规划排水系统,确保雨水能够快速排出,减少积水和排水不畅的问题。

(5)植物选择和适应性设计 选择具有较强适应性的植物品种,能够在不同气候条件下生长和适应。考虑植物的耐旱、耐寒、耐热等特性,以及对气候变化的响应能力。同时,合理设计植物配置和栽植密度,以提高植物的抗逆性和适应性。

练习习题

?

1. 结合具体案例,分析"以人为本"的设计理念在园林设计中的应用。
2. 阐述"生态优先"原则在园林设计中的重要性,并举例说明。
3. 讨论文化传承与创新融合在现代园林设计中的实践和挑战。
4. 分析"节约型景观"的特点及其在设计中的实现途径。
5. 结合实际,探讨气候适应性设计如何影响园林景观的选择与布局。

园林设计关注重点

第二章　园林设计程序

第一节　现状调查与分析

 思想导航

（1）生态文明与环境责任感　通过对场地环境、植物、土壤、水文等的调查，培养学生对自然环境的尊重与保护意识，强调生态设计与可持续发展的重要性。

（2）文化自信与历史传承　在调研历史人文资料时，引导学生理解和尊重地方文化与历史遗产，树立文化自信，推动文化传承与创新。

（3）法治思维与社会责任感　通过学习相关法规与政策资料，帮助学生理解法律在设计中的重要性，培养法治意识，并将社会责任融入设计实践中。

（4）人本关怀与社会责任　在人群需求调研中，强调设计时要关注使用者需求，培养学生"以人为本"的设计理念，注重人文关怀和社会责任。

（5）创新思维与批判性分析　在资料分析与研究过程中，鼓励学生批判性地分析问题，结合创新思维提出解决方案，培养其综合分析与独立思考能力。

一、资料搜集

（一）文字图片资料

1. 基址环境资料

（1）地理位置与周边环境资料　主要包括搜集基地的地理位置、坐标和周边地区的地图。了解基地与周边环境的关系，如相邻的建筑、道路、水体等。了解基地周边的公共设施、服务设施、交通状况等。

（2）地形地貌与地质资料　基地的地形地貌特征，如高程模型（DEM）数据、坡度坡向、基础地形等。地质资料，包括土壤类型、地质构造、地下水位、岩土工程勘察报告等。

（3）气候与气象资料　基地所在地区的气候特征，如温度、湿度、降雨量、风向等。特殊气候条件下的影响，如洪水、地震、极端天气事件等。

（4）植被与生态资料　基地的植被分布、植物种类、群落结构等。生态敏感性分析，如生态脆弱区域、生物多样性等。

2. 历史人文资料

搜集基地所在地区的历史人文资料、历史文献，梳理基地历史文化背景、传统建筑风格、当地的人文特色、居民生活习惯、民俗风情等。

（1）地方志与历史文献　查阅相关的地方志、历史文献，了解该地区的历史沿革、文化传承、名人逸事等。研究历史上的园林、景观建设活动，了解当地的园林文化传统和风格特点。

（2）文化遗迹与考古资料　调查基地附近的文化遗迹、古墓葬、古建筑等，了解历史上的文化脉络和遗产价值。收集考古资料，如出土的文物、碑刻、石刻等，这些资料可以反映古代人们的生活方式、审美观念等。

（3）民俗文化与民间传说　深入了解当地的民俗文化，包括传统手工艺、民间艺术、节庆活动等。收集当地的民间传说、历史故事，这些故事往往蕴含着丰富的文化内涵和人们对自然、生活的理解。

（4）地方特色与非物质文化遗产　研究地方特色，如地方语言、饮食文化、服饰风格等，这些特色可以为园林设计提供独特的元素和灵感。了解非物质文化遗产，如传统音乐、舞蹈、戏曲等，这些文化遗产可以为园林增添文化氛围和活力。

3. 法规与政策资料

在园林设计前搜集法规与政策资料是确保设计符合相关规定和要求的重要步骤。

（1）国家层面的法规与政策　查阅国家层面关于园林设计、城市规划、环境保护、土地利用等方面的法规和政策文件。了解国家对于园林绿化的总体要求和目标，以及对于不同类型园林项目的具体规定。

（2）地方层面的法规与政策　收集地方政府关于园林设计、城市规划、环境保护、土地利用等方面的法规和政策文件。特别注意地方政府对于本地园林项目的特殊要求和规划，这些往往与国家层面的法规有所不同。

（3）行业标准和规范　了解园林设计行业的国家标准、行业标准和设计规范，如《公园设计规范》（GB 51192—2016）、《城市道路绿化设计标准》（CJJ/T 75—2023）等。这些标准和规范对园林设计的各个方面都有详细的要求和说明，是设计过程中必须遵循的准则。

（4）相关部门的指导意见和通知　收集城市规划部门、园林部门、环保部门等相关部门关于园林设计的指导意见和通知。这些文件往往针对当前的城市建设和发展趋势，能为园林设计提供具体的指导和建议。

（5）国际条约和协议　如果园林项目涉及国际合作或跨国合作，还需要收集相关的国际条约和协议。这些条约和协议可能涉及环境保护、生物多样性保护、文化遗产保护等方面，对于园林设计具有重要的指导意义。

在搜集法规与政策资料时，建议与相关部门和专业机构保持密切联系，及时获取最新的法规和政策信息。同时，设计师也应对这些法规和政策进行深入研究和分析，确保园林设计符合相关规定和要求，避免因违反法规而带来的风险和问题。

4. 功能需求与使用者调研资料

在园林设计前搜集使用者的功能需求资料也是至关重要的，这有助于确保设计最终能够满足人们的实际需求和期望。以下是一些建议搜集的使用者功能需求资料：

（1）基本休闲需求　了解使用者对于园林空间的基本休闲需求，如散步、休息、观赏风景等。调查他们偏好的休闲活动类型，如阅读、冥想、团体聚会等。

（2）运动与健康需求 收集使用者对于运动和健康活动的需求，如健身设施、慢跑道、瑜伽平台等。分析不同年龄层次对于运动设施的偏好和使用频率。

（3）儿童游乐需求 调查有儿童的家庭对于儿童游乐设施的需求，如游乐场、沙坑、亲子活动区等。分析儿童游乐设施的安全性、互动性和教育性。

（4）文化教育与审美需求 了解使用者对于园林中的文化教育和审美体验的需求，如艺术装置、雕塑、历史文物展示等。分析如何将当地文化和历史元素融入园林设计中，以提升园林的文化价值。

（5）社交与交流空间需求 调查使用者对于社交和交流空间的需求，如亭台楼阁、座椅区、聚会广场等。分析如何设计能够促进人们互动和交流的园林空间。

（6）服务设施需求 收集使用者对于园林中的服务设施需求，如洗手间、售货亭、导览系统等。分析服务设施的布局和可达性，以确保使用者能够方便地使用这些设施。

（7）无障碍与可达性需求 调查特殊群体（如老年人、残疾人等）对于无障碍设施和可达性的需求。分析如何设计园林空间以确保这些群体能够安全、方便地使用园林空间。

为了有效地搜集这些功能需求资料，可以采用多种方法，如问卷调查、访谈、社区会议、焦点小组等。同时，与使用者保持持续的沟通和反馈也是非常重要的，可确保设计过程中能够及时调整和优化以满足他们的需求。

5. 类似项目案例资料

收集类似规模、功能和风格的园林项目案例资料，作为设计的参考和借鉴。

（二）图纸资料

1. 地形图

地形图是园林设计的基础，其展示了场地的自然地貌、高程、坡度等信息（图2-1）。在设计过程中应搜集最新的地形图，确保设计师对场地的高程变化和地形特征有准确的了解。

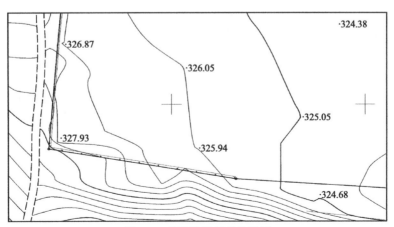

图 2-1 项目设计基础地形图

2. 现状图

现状图展示了场地现有的建筑物、道路、植被、水体等要素的布局和状况。通过现状图，设计师可以了解场地现状的特点和问题，为设计提供基础数据（图 2-2）。

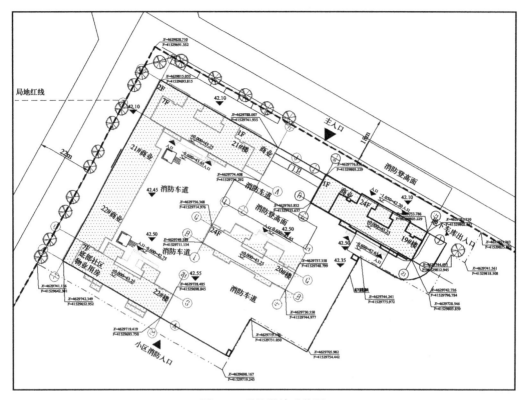

图 2-2   项目设计现状图

3. 地下管线图

地下管线图展示了场地内各类地下管线的布局，如排水、给水、电力、通信等。搜集地下管线图是为了确保设计不会与现有管线发生冲突，并考虑未来管线的维护和管理（图 2-3）。

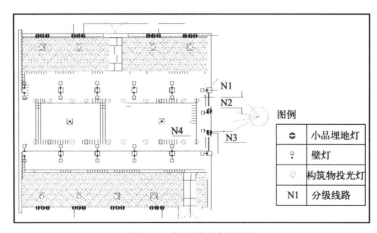

图 2-3   场地管网管线图

4. 区域规划图

主要搜集比现有设计场地更大尺度区域的规划文本，其中包括区域规划图、土地利用图、绿地系统规划图、道路系统规划图、竖向规划图等，通过区域规划文本，可以进一步了解待设计场地在更大尺度规划上的定位和规划思路，便于设计师了解场地在城市规划中的位置和角色，确保园林设计与城市规划相协调。

二、场地现状勘测

1. 场地位置同周边环境关系

① 调查场地周围的用地状况；

② 识别场地周围的环境特征；

③ 标记出场地周边的交通状况；

④ 明确场地红线范围和建设限定要求。

2. 场地地形状况

① 标记场地的主要坡度；

② 标记场地主要地形形态；

③ 标记场地冲刷区和易积水区；

④ 标记场地内建筑物室内外的主要标高，及相邻道路主要标高。

3. 场地水文及排水状况

① 标记场地内主要汇水区域，以及建筑物排水口的主要流水方向；

② 标记场地内主要水体的表面高程和最深池底高程；

③ 标记变化性水体（河流、湖泊）的最高水位和常水位高度；

④ 标记静止水面区域，或者潮湿区域范围；

⑤ 勘测地下水位情况；

⑥ 勘测地表径流情况，确认是否有地表径流流经场地，以及明确场地整体排水状况。

4. 土壤状况

了解园区内的土地性质、土质、水源、排水情况等，判断是否达到种植条件，从而选择合适的植物种类，制定科学合理的园林设计方案。

① 了解土壤类型，确认土壤肥力；

② 勘测表层土壤深度；

③ 勘测并确认土壤对建筑物构建的限定。

5. 场地植物状况

① 标记场地现有植物位置以及相邻区域影响场地规划的植物位置；

② 标记场地内主要植物的种类及其特征（大小、形态特征等）；

③ 记录现有植物的价值，以及对未来规划的限定。

6. 场地原有建筑物和构筑物

① 标记场地内现有建筑物的类型、形式，测量其通高、门窗尺寸和距地高度，确定其位置；

② 标记建筑室外水电位置，建筑上雨排水管线位置；

③ 标记建筑外通风口位置，测量其尺寸，并定位；

④ 标记建筑外空调外机位置，并测量其尺寸；

⑤ 标记建筑挑檐的位置，以及从其上雨水跌落的位置；

⑥ 标记场地内原有构筑物（楼梯、围栏、道路等原有构筑物）的位置，并进行测量定位。

7. 场地公用设施状况

① 主要勘测场地内的化粪池、雨水井、燃气阀门井、污水井、煤气管、雨水管、排水管等设施，确定其位置，明确管线走向，确定其与市政管线连接关系；

② 勘测电力管线、弱电管线位置，确定其与市政管线连接关系。

8. 场地小气候状况

① 标记场地内夏季和冬季太阳照射最多的地方和遮阴区域；

② 标记场地内夏季和冬季迎风区和背风区域；

③ 记录全年主要节气（立春、立秋、夏至、冬至）的温差范围；

④ 记录场地最大降雨量和最小降雨量；

⑤ 测量场地冻层深度。

9. 场地主要视线情况

① 标记场地主要观视点位置；

② 标记场地内的焦点景观位置；

③ 现场分析并评价场地主要观视面，标记并分析记录场地外良好景观和不良景观。

10. 场地空间感受

① 标记场地现有的室外空间，包括"墙体"（绿植、围墙等）和"顶棚"（树冠等）；

② 记录主要空间感受；

③ 记录扰人和令人愉快的声音；

④ 标记并记录扰人和令人愉悦的气味来源位置。

11. 场地主要功能

根据对使用人群的调研，并结合场地现有功能区域，在图纸上标注现状功能区域，并明确这些功能区域的现状特征，例如标注场地内的停车区域、堆放垃圾场地等。

三、人群需求调研

对人群的需求及其行为的调研，由于项目的性质不同，会有所不同，下面就以私人庭园项目为例，需要调研的内容如下。

1. 家庭成员特征

① 成员结构组成；

② 成员主要年龄结构；

③ 成员职业；

④ 成员健康状况以及无障碍活动要求；

⑤ 成员主要生活习惯，例如主要活动时间和特征；

⑥ 成员主要兴趣爱好。

2. 家庭成员的主要需求

① 宠物饲养情况（包括养狗、养鱼等）、果蔬种植需求情况；

② 户外厨房、户外就餐环境的需求，需要提供能够满足就餐的人群数量；

③ 户外影音、户外茶叙围炉等娱乐项目的特殊需求；

④ 户外瑜伽、健身器械、健身场地需求。

3. 其他要求

除了以上几种需求，还包括家庭成员对庭园的期待与特殊需求，例如庭园风格、特殊约定场地、特定材料选择等。

四、资料分析与研究

在正式开始园林设计前，对已经收集的调研材料进行深入的分析与研究是至关重要的。这些材料既涵盖了场地现有的信息，也涵盖了更大尺度范围的规划信息，既有未来使用人群的行为和活动需求、环境和景观偏好，又有文化和社会背景等多方面的信息。通过仔细分析这些数据，设计师可以洞察到不同人群的需求和偏好，从而制定出更符合未来使用人群期望的园林设计方案。同时，对调研材料的深入研究也有助于发现潜在的问题和改进点，进一步提升园林设计的质量和用户体验。因此，充分利用并合理分析这些调研材料，对于打造满足人们需求的优质园林景观具有重要意义。

练习习题 ❓

1. 现状调查中的文字图片资料包括哪些内容？请简要说明每类资料在园林设计中的作用。

2. 在场地现状勘测中，如何评估场地的土壤状况？请简要列出评估步骤。

3. 在进行"人群需求调研"时，家庭成员特征对园林设计有何影响？请简要回答。

4. 在"资料分析与研究"阶段，如何将收集到的场地现状资料应用于设计方案的制定？

5. 请论述在园林设计中，历史人文资料与类似项目案例资料的收集和分析对设计方案的制定有何重要作用。

6. 场地的水文及排水状况对园林设计有着重要影响。请结合实际情况，论述如何通过对水文及排水状况的分析来优化设计方案。

7. 在进行园林设计的现状调查时，如何平衡使用者需求和场地条件的差异，以确保设计的可行性与舒适性？请结合实际情况进行论述。

园林设计基本程序

园林设计行业规范与法规

第二节　园林项目规划

 思想导航

（1）法治与政策意识　强调设计应遵循国家和地方的法律法规，培养学生的法治意识和遵纪守法的态度，确保设计符合政策要求，推动法治建设与社会和谐。

（2）创新与可持续发展　鼓励学生运用创新思维，结合现代科技和环保理念进行设计，同时要注重可持续性与环保设计，培养学生的创新意识和绿色设计理念。

（3）集体协作与团队精神　强调团队协作和跨学科合作，培养学生在团队中协作、沟通和解决问题的能力，增强集体主义精神和团队意识。

（4）经济与成本意识　教育学生在设计过程中不仅要关注美学和功能性，还要理性考虑项目的经济效益，培养学生合理规划资源、控制成本的能力，增强其经济意识。

（5）生态与环境保护　加强学生对环境保护的关注，倡导绿色设计，提升学生的生态保护意识，促使其在设计中充分考虑生态平衡与可持续发展。

本节主要探讨园林设计项目规划阶段的关键内容。在这一阶段，设计师根据项目的背景、需求和场地特点，进行整体布局规划和功能区划分，明确项目的设计目标与方向，并根据总体规划要求进行专项规划。

一、项目规划内容

（一）项目背景分析

项目背景分析是在设计师大量搜集有关项目资料的基础上，对项目全方位的评估，其为整个设计过程提供了必要的基础信息和理论支撑，为后续的设计方案制定提供了明确的方向和框架。

1.项目概况

（1）项目名称与性质　简要介绍项目的名称、性质（如公园绿地、住宅小区、商业广场等），以及项目的总体规模和定位。

（2）项目开发单位与利益相关者　明确项目的业主、开发单位以及其他相关方（如政府部门、规划单位、设计团队等），了解不同利益相关方的需求和期望。

（3）项目周期与预算　涉及项目的时间框架、设计周期以及预算范围等，确保设计方案能够符合项目的时间和资金限制。

2.场地分析

场地分析是项目背景分析中的核心内容之一，其根据项目大小会有内容上的细致区分。

（1）地理位置与交通条件　分析项目所在地的地理位置、交通网络、周边的主要道路、交通枢纽等，了解项目的可达性和位置优势。

（2）场地规模与形状　明确项目场地的面积、形状、边界条件以及场地的基本空间结构。了解场地的形状有助于合理规划空间布局。

（3）场地现状　对场地的现状进行详细调查，包括土地的使用现状和场地内已有的建筑物、设施、植被、道路、水体等，以及场地的现有条件、问题与挑战。

（4）地形与高差　分析场地的地形、坡度及高差，特别是在园林设计中，高差会直接影响空间的划分、视线的引导以及景观元素的布局。

（5）气候与环境条件　包括温度、湿度、降水量、风向、日照时间等气候因素，这些因素会影响植物的选择、景观水体的设计以及公共空间的使用体验。

3. 社会与文化背景

（1）人口特征与需求　分析项目所在区域的人口结构、社会发展水平和居民需求。例如，如果是住宅小区设计，设计师需要了解居民的年龄、职业、生活方式等，从而根据目标用户的特点进行设计。

（2）文化传统与地域特色　分析场地所在区域的历史文化背景、地域特色及传统习俗。通过融入当地文化元素，有助于景观设计的个性化和本土化，提升设计的认同感和亲和力。

（3）社会功能与使用需求　了解项目的主要使用人群以及他们对空间的需求，如休闲、娱乐、运动、社交等功能需求，进而为场地的功能分区、景观设施等提供参考。

4. 规划与政策背景

（1）政策法规　分析相关的法律、政策、规划要求等，尤其是城市规划、土地使用规划、环境保护法规等，它们会影响设计的方向和实施方案。

（2）城市规划与土地使用　了解项目所在区域的城市规划、土地使用性质以及未来的发展方向。不同的规划要求会对园林景观的规模、功能和形态产生影响。

（3）环境保护与可持续性要求　随着环保意识的提高，许多项目要求符合绿色建筑、生态园林等可持续性设计理念。因此，分析项目对环境保护的相关要求至关重要。

5. 市场与竞争分析

（1）市场需求分析　分析目标市场的需求和趋势，了解项目的目标群体的特点及需求，为设计方案的功能设置和空间布局提供依据。

（2）竞争项目分析　分析区域内或同类项目的设计特点、优势与不足，了解市场中的竞争态势，为设计提供借鉴与差异化定位，确保项目具有竞争力。

（3）经济背景　分析项目的经济背景，如地区经济发展水平、客户群体的购买力等，确保项目的设计和预算与市场定位相符。

6. 设计目标与要求

（1）业主要求　明确项目的具体设计需求和目标。例如，业主是否有明确的风格偏好、功能需求、预算限制等，是否要求设计特定的主题或文化特色。

（2）功能需求　根据项目类型和场地特点，明确各个功能区域的具体需求和面积比例，如公共空间、私人空间、绿地、水体等。

（3）美学要求　分析项目对美学效果的要求，例如是否有特定的视觉效果需求，是否要求用某些景观元素作为视觉焦点。

（4）可持续设计要求　例如是否需要考虑节能、环保、绿色建筑认证等要求，是否需要使用可持续材料或生态设计理念。

7. 项目可行性分析

（1）技术可行性　分析设计方案的技术可行性，包括工程实施的难度、材料的可得性、施工技术的可操作性等。

（2）财务可行性　进行初步的预算评估，分析项目的资金需求和资金使用的合理性，确保项目的经济效益和投入产出比。

（3）环境可行性　分析设计方案对环境的影响，包括对生态系统、土壤、气候等的影响，确保设计方案符合可持续发展的原则。

8. 其他背景

（1）周边环境和景观　分析项目周围的自然景观、文化景观及建筑环境，以确保设计能够与周围环境和谐融合，避免过度干扰和冲突。

（2）历史遗址或特殊要求　如场地内存在历史建筑、文化遗址等特殊元素，需要在设计中进行特别考虑，以保护和融合这些历史遗产。

（3）技术进展与创新　了解当前园林设计领域的技术进展，如智能园林、绿色建筑、雨水收集等新兴技术，为园林设计引入创新元素。

（二）项目方案构思

项目方案构思是将项目背景分析中获得的信息和数据转化为设计思路的过程。此阶段的核心目标是为后续的设计工作提供一个清晰的设计方向，并通过初步的创意和构想，帮助设计师形成整体的设计框架和理念。该阶段多以草图的形式呈现，但它不仅是简单的想法或草图，也是整个设计过程中最富有创意、最具探索性和实验性的环节。

1. 设计理念的形成

项目方案构思的第一步通常是明确设计理念。设计理念是设计的指导思想，它反映了设计师对项目核心问题的理解和创意的表达。设计理念通常包括项目主题、核心价值和设计的象征意义。设计中需要明确设计的主题是什么，是侧重于自然生态、文化传承、休闲娱乐，还是强调可持续发展、绿色环保等理念。在设计过程中，还需要结合地方文化、历史背景或者自然环境，提出一些具有象征意义的元素或符号，使设计方案具有独特性和深度。在方案初步构思阶段，往往不拘泥于方案的细节，会通过一些草图的形式体现。

2. 功能分区与布局

在方案构思阶段，设计师需要对项目进行功能分区，即根据场地的规模和项目需求，合理安排功能区域。根据项目需求，设计师会将场地划分为不同的功能区。每个功能区的设计要符合使用者的需求，并确保空间的流动性和舒适性。设计师还要考虑功能空间的层次性和尺度感，使设计既能体现整体的宏大气势，又能关注局部细节，创造亲切、舒适的环境。

（1）功能区的划分　功能分区的处理方式主要取决于具体的场地和设计目标：①根据活动性质可以将一个公园划分为儿童游乐区、运动健身区、安静休息区等。②根据场地内有特殊的景观元素或地形特征可以将山区公园划分为观景区和活动区。③根据场地的空间布局和地形可以将一个庭园划分为入口门区、前庭园区、后庭园区等。④根据时间变化划分特殊功能场地。

（2）功能区划分关注的因素　①从使用需求出发，考虑不同用户群体的需求，进而划分出适合他们的空间区域，如儿童游乐区、运动区、休闲区以及文化展示区等。②园林空间中各功能区域的划分应考虑层次关系，如强功能的运动区和广场，弱功能的休闲区、草坪等。同时，还要注意过渡空间的设计。过渡空间可以通过景观元素来缓和空间切换。③每个功能区都应有明确的边界，避免不同区域的功能混淆。④虽然功能细分是为了更好地满足不同用户群体的需求，但有些空间可以设计为多功能复合型的空间。⑤场地的环境条件、气候条件、地形特点等也是功能细分的重要考虑因素。

（3）功能分区图的绘制　功能分区图的绘制是设计师进行场地设计的第一步，也是非常重要的一步。在这个阶段，设计师借助图示的形式对场地的规划设计进行可行性研究，这种研究建立在设计师对场地现状和所在地块整体认知的基础上。此时进行的场地功能区划是为了协助设计，主要是检查不同功能空间可能存在的矛盾和主要问题，以便在接下来的设计中进一步解决这些问题。因此，在这个阶段应该重点关注主要功能同空间之间的关系，不要过度计较尺寸和比例。这时完成的功能分区图可以用圆圈或者其他抽象的图形来表达。在这样的图形中，需要关注以下几个方面：①场地中将存在几种功能空间？②每一个功能空间是封闭的，还是开放的？③场地中不同的功能同存在空间的对应关系是什么？如何进行过渡和衔接？④功能空间是不是需要分开或者隔断？距离如何？⑤功能空间如果存在联系，如何通过？⑥每一个功能空间的景观点是什么？⑦每个功能空间的进出口的主要位置在哪？

3. 流线设计与交通系统

项目方案构思中的流线设计是平面方案构思的重要环节，主要是为了确保人流、车流的合理分布和流动。流线的合理设计能够使不同功能区域之间的交通顺畅，避免拥堵或干扰，也能够确保步行、骑行、驾车等不同交通方式之间的流线有序分隔。这种引导能使游客或使用者自然地流动到各个功能区。流线设计通常会结合景观要素（如水体、植物、道路、建筑等）来实现人流的引导。

4. 景观元素与材料选择

景观元素是园林设计中的重要组成部分，包括植物、硬景观设施、水体、雕塑、座椅、灯光等。项目方案构思阶段需要初步确定景观元素的类型、配置及位置，以便为后续的设计和施工做准备。一般会从植物、硬景和水体等几个方面考虑：根据场地的气候条件、土壤特点等，选择适合的植物进行搭配，形成多样化的绿化效果；硬景观元素（如铺装、景观小品、座椅、休闲设施等）需要与整体景观效果协调，既要实用，又要美观；水体元素如喷泉、池塘、小溪等可以作为景观设计的重要组成部分，增强空间的层次感和动态美。

5. 文化与历史元素的融合

在一些项目中，场地可能具有历史遗迹或文化特色，设计师需要在方案构思阶段考虑如何将这些元素融入设计中，使景观设计与当地文化、历史背景相契合。如果场地上有文化遗产或历史建筑，方案构思阶段需要考虑如何有效地保护和展示这些遗址，并将其作为设计的一部分。针对地方文化的表达，往往通过建筑风格、景观元素的选择和材质的使用等，体现出地方文化特色，创造具有地方性和独特性的景观。

6. 可持续性与环保设计

随着可持续发展理念的深入人心，方案构思阶段需要考虑环保设计的要素。例如，如何通过绿色建筑、雨水回收、节能设计等方式，降低设计对环境的影响，提升项目的可持续性。

7. 预算与成本控制

虽然预算和成本控制主要是在后续的详细设计阶段进行，但在方案构思阶段，设计师需要考虑项目的资金状况，确保构思的设计方案符合业主的预算范围。

方案构思阶段是在项目概念构思基础上形成设计方案，不仅要具备创意和美学，还需要考虑功能性、可实施性、预算控制和可持续性。这个阶段的工作为后续的详细设计和项目实施奠定了基础，是确保项目成功的关键步骤。

（三）专项规划

园林的各专项规划是在园林总体规划基础上进行的分项规划，一般包括竖向规划、种植规划、道路规划、夜景照明规划和主要设施规划等。各项专项规划相辅相成，共同构成项目的总体规划方案。

1. 竖向规划

竖向规划主要涉及场地的地形和高差处理，旨在确保场地的功能性和美观性。它包括地形的雕塑、坡度的设计以及水流的引导，要合理安排场地的高低差，避免积水问题，并且根据不同功能区域的需求进行高程调整。竖向规划的另一个关键点是排水系统设计，通过科学合理的高差布局，确保降雨时的水流顺畅，维护场地的生态平衡和使用舒适性。

2. 种植规划

种植规划是园林设计中至关重要的一部分，其通过选择合适的植物类型、种类和配置方式，来提升景观的美观性、生态功能和环境舒适度。种植规划不仅要考虑植物的观赏价值，还要兼顾植物的生态适应性、季节变化及与周围环境的和谐性。同时，合理的植栽设计还需关注土壤条件、气候要求及植物之间的生长关系，确保植物在整个生命周期中的健康生长和长久的景观效果。

3. 道路规划

道路规划是园林设计中的交通系统设计，主要确保场地内部交通的顺畅与安全。道路规划需要明确不同交通流线的分布，包括人行道、车行道、自行车道等的布局和设计，确保不同使用群体的需求得到满足。在道路规划中，还需要考虑道路的宽度、交叉口、弯道、出入口等细节，并选择适宜的铺装材料，以增强道路的耐用性、美观性及使用体验。另外，一般会在道路系统规划基础上，对道路消防功能进行进一步规划。

4. 夜景照明规划

夜景照明规划着重于提升园林在夜间的景观效果和功能性，同时确保安全性。通过合理布置灯具和照明设计，夜景照明可以强调景观中的特定元素，如雕塑、植物、水景等，同时确保行人和车辆的安全通行。夜景照明规划不仅要关注灯光的亮度和位置，还需要考虑光源的类型（如 LED 灯、太阳能灯等）及其能效与环保性，以实现节能与景观美化的双重目标。

5. 主要设施规划

主要设施规划涉及园林中的功能性设施的布局和设计，如座椅、长椅、垃圾桶、公共厕所、休闲区等。这些设施不仅要满足园区使用者的基本需求，还要与周围景观协调一致，提升空间的舒适性和便利性。主要设施的设计需要考虑材料的耐用性、使用的舒适性、功能的多样性以及与整体景观的和谐统一，确保设施的美观与实用兼备。

二、项目规划主要成果

1. 场地分析报告

场地分析报告是对项目所在场地的详细分析，涵盖了自然环境、地形地貌、气候条件、水文情况、生态环境、现有设施、周边环境、交通流线等内容。它为后续设计提供了基础数据，并能帮助识别场地的优势与问题。

2. 功能需求分析报告

该报告基于用户需求调查和相关法规要求，分析项目所需的功能和服务设施，明确每个功能区的用途、面积要求和服务标准。这为方案设计提供了明确的指导方向。

3. 总体规划图

总体规划图展示了项目的空间布局，涵盖了场地的整体结构、功能区划分、交通流线、绿地分布、主要建筑与设施的位置等内容。这种图纸为整个项目的设计和实施提供了空间框架。

4. 场地布局与功能分区方案

场地布局与功能分区方案详细描述了不同功能区的划分和布局，明确各区域的使用功能、规模、位置及其相互关系。通过优化空间布局，能提高场地的利用效率和功能性。

5. 专项规划方案

包括竖向规划、交通与流线规划、植物种植规划、配套设施规划等专项规划方案。

6. 可行性研究报告

可行性研究报告包括如下内容：①项目的实施可能性，包括经济性、技术性、环境影响和社会效益等多个方面。②项目的成本估算与预算方案。③项目的环境影响评估，分析了项目对环境的潜在影响，特别是对生态系统、水资源、空气质量等方面的影响。通过提出缓解措施，可确保项目符合环境保护的要求。④项目实施计划，是对项目从规划到实施全过程的时间、阶段和任务的详细安排。

练习习题 ?

1. 在项目背景分析中，如何通过社会与文化背景的分析来指导园林设计？请结合文化自信和社会责任，阐述设计应如何反映当地文化特色和历史传承。

2. 请简要说明如何通过分析相关政策来确保设计方案的合规性和可行性，体现法治意识和社会责任感。

3. 设计理念的形成应如何结合社会需求和可持续发展理念？请结合人本思想和绿色发展理念，讨论设计理念如何平衡社会功能需求与环境保护要求。

4. 请简要讨论功能区划分时应考虑的因素，并结合公共利益和生态保护，阐述如何在设计中实现功能性与可持续性的统一。

5. 在方案构思阶段，如何通过文化与历史元素的融合，创造具有地方特色的景观设计？请结合文化传承与创新精神进行讨论。

6. 请结合生态保护意识，阐述如何在设计方案中融入环保理念，确保设计方案符合生态可持续发展的要求。

温泉小镇设计案例解析

第三节　园林项目方案设计

　思想导航

（1）人文关怀与社会责任　在空间布局与功能设计中，关注使用者需求，强调"以人为本"的设计理念，培养学生的社会责任感。

（2）生态保护与可持续设计　通过景观元素配置、植栽设计等，强化生态环保意识，推动绿色设计和可持续发展理念。

（3）创新精神与技术应用　鼓励学生运用创新思维，探索自由曲线法、节点法等新设计方法，推动技术创新和设计突破。

（4）文化自信与历史传承　在设计中融入地方文化与历史元素，增强学生的文化认同感，推动文化传承与创新。

（5）法治意识与规范遵守　通过对设计规范和施工标准的强调，培养学生的法治意识和严格遵守行业规范的职业素养。

（6）团队协作与沟通能力　在项目设计与沟通过程中，培养学生的团队协作能力和跨学科合作精神。

（7）批判性思维与科学决策　通过项目分析和方案细化，培养学生的批判性思维和科学决策能力，提升设计的合理性与可行性。

项目的方案设计是指在项目规划的基础上进行的具体功能组织与空间布局。一些尺度比较小的项目，往往不需要进行前期的系统性规划，在场地分析的基础上，可以直接进入方案设计阶段。

一、方案总平面设计

该阶段的"总平面设计"是对规划阶段的总体规划图的深化设计，需要结合相关规范、法规以及同甲方沟通的相关意见进行深化。

（一）平面设计的基本要素

1. 空间布局

空间布局是指在平面上合理安排不同功能区，并使这些区域之间的关系既有序又具适当的过渡。根据不同的使用需求，可将场地划分为多个功能区，如休闲区、运动区、儿童活动区、景观观赏区等。不同功能区的位置安排要考虑使用便利性和安全性。每个功能区的大小和比例要符合使用需求，避免过于狭小或过于空旷。不同的区域应有合理的尺度关系，避免产生空间压抑感。

2. 景观元素的配置

景观元素包括植物、硬质景观、水景等，它们是构成平面设计的具体内容。合理的景观元素配置能够提升园林的美观度、功能性和舒适度。植物的布局要考虑不同区域的功能需求和视觉效果，植物的高低、色彩、形态等要与空间和谐结合。小品与设施等硬质景观设施应与周围环境协调，既能满足功能需求，又能起到美化空间的作用。水池、喷泉、小溪等水景元素的布局要与地形和整体景观相协调，要合理利用水的流动性与视觉效果。

3. 流线设计

流线设计是指人流和交通流线的布局。合理的流线设计能够有效地引导人们的活动，避免交叉干扰，提升园林的使用体验。主流线是园林的主要通行路线，连接着不同的功能区；次流线则是补充性路线，连接细节空间，如观景小道、休息小区域等。流线设计需要考虑通行的便捷性与流畅性，避免设置过多弯曲和阻碍，特别是对于公共园林，流线要具有清晰的指引作用。视线流线是指通过布置景观元素引导视线的走向，通过景观小品、建筑、树木等增强景观的层次感和方向感。

4. 形状与比例的设计

园林平面设计中的形状和比例直接影响空间的视觉效果和舒适性。园林中的各种空间、道路、广场、景观等的形状和比例要协调一致，不同形状的区域也应有合理的功能划分。方形、圆形、直线形等不同的几何形状可以用来定义不同的空间氛围。圆形或曲线形态适合休闲、放松的空间，而方形或直线形态适合结构性较强的空间。空间、植物、建筑、道路等的比例要协调，避免某一部分过大或过小而失衡，影响整体效果。

5. 对称与非对称

平面设计中常见的布局形式包括对称布局和非对称布局。对称布局常用于正式、庄重的场所，给人一种平衡、稳定的感觉。非对称布局适用于更为灵活和自然的空间，非对称设计能够创造出动态感和视觉张力，增强空间的趣味性。

（二）平面设计的方法

1. 轴线法

轴线法是一种以轴线为核心进行空间组织的设计方法，广泛应用于园林景观设计中，尤其适用于那些需要表现对称性、庄重感以及视觉引导的空间布局。这种方法通过在设计中设置明确的主轴线，将空间划分为若干个功能区或景观元素的组合，并确保它们沿轴线有序排列。轴线法能够有效地强化设计的整体性和层次感，使得空间布局显得规整而富有秩序感。此外，轴线不仅能起到视觉上的引导作用，还常常承担着象征性意义（图2-4、图2-5）。

2. 网格法

网格法是一种通过将场地划分为规则的网格结构，利用网格的交叉点来安排景观元素的设计方法。这种方法适用于那些功能复杂、空间要求精确的设计场地，如城市公园、公共广场等。在网格法的运用中，场地被细分成均等的小区域，设计师可以在这些小区域内合理安排景观元素和功能区。这种方式使得设计更具结构性和规范性，有助于确保各个景观元素之间的协调性与空间的有效利用。网格法不仅提高了布局的效率，还能通过精准地控制和定位，满足多样化的功能需求，同时保持场地的整体美感和秩序感。特别是在现代城市景观设计中，网格法能够处理复杂的交通流线、休闲空间以及各种设施的布局问题，提供既美观又高效的空间体验（图2-6）。

图2-4　北京故宫的中轴线

图2-5　颐和园的中轴线

图2-6　网格布局的伯纳特公园

3. 自由曲线法

自由曲线法是一种通过自然流畅的曲线来进行空间构成与布局的设计方法，广泛应用于自然风格的园林设计中。与传统的直线和几何形状的设计方法不同，自由曲线法强调自然、灵动和非对称的形态，旨在打破硬性规则，创造出更具柔和感和动态感的空间效果。通过流畅的曲线，设计师能够塑造出一种轻松、自由的空间感，适合表现景观的自然美和舒适氛围。此方法通常用于景观带、步道、花园小道等场地的规划设计，能够有效地引导人们在空间中自由移动，增强步行体验的愉悦感。在自然风格的园林中，曲线可以模拟自然景观的形态，如蜿蜒的河流、起伏的山脉或弯曲的树枝，从而形成一个更具生动感和亲和力的景观空间。此外，自由曲线法还能够有效地打破空间的僵硬感，使得整个景观更具变化和层次感，增加视觉的丰富性和深度（图2-7）。

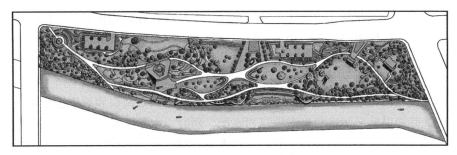

图 2-7 自由曲线法布局的城市公园

4. 节点法

节点法是一种着重于设计园林中关键节点的设计方法，常用于通过这些节点的设置来引导空间的流动和发展。园林中的节点通常是空间的交汇点或具有特殊意义的区域，如景观小品、广场、交叉路口等。这些节点起到了承接、导向和视觉焦点的多重作用，在整个园林空间中起到了桥梁和枢纽的作用。通过巧妙设置节点，设计师可以有效地组织空间，提升景观的层次感和引导性。交汇点和转角处的节点不仅能够引导人流，还可以强化空间的视觉焦点，使人们在移动过程中有明确的目的地和方向感。此外，节点还具有情感引导作用，它们可以通过独特的设计元素来营造氛围，增强游客对园林空间的感知体验。节点法通过明确划分关键区域，打造出具有吸引力和功能性的空间，使得园林设计更加有序且富有动感，进一步提升了整体景观的美学价值与实用性（图2-8）。

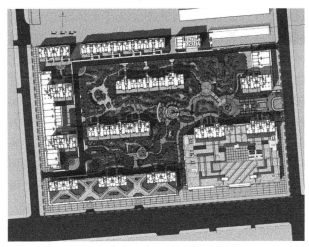

图 2-8 节点法布局的居住小区绿地

二、方案详细设计

方案详细设计一般也被称为扩大初步设计，或者扩初设计。扩大初步设计阶段是将初步设计方案进一步深化和细化的过程，旨在确保设计方案在可行性、功能性、美学性等方面更加完善。

1. 方案详细设计的主要内容

（1）优化与细化设计方案　在这个阶段，设计师需要根据初步方案的框架，进一步优化和细化各项设计内容。首先，功能区划分与布局需要更加合理，确保每个区域的功能得到最大化发挥，同时符合使用需求。空间的比例与尺度也需根据实际情况进行调整，确保视觉效果与实际使用的协调。此外，设计细节如景观小品、座椅、雕塑等也要进一步明确，确保它们在美学和功能上的平衡。

（2）竖向设计深化　设计师需要根据场地的具体情况，对高程和坡度进行调整，合理规划排水系统，并确保地形塑造与生态效应相匹配。同时，水景设计需要更精细化，确保水体的流线、位置和景观效果达到最佳，同时要考虑水源与水质的可持续性。

（3）植栽设计深化　植栽设计需要根据初步方案进行进一步优化。设计师要细化植物的品种选择和布局安排，确保植物的生态功能和美学效果。同时，要考虑四季变化和植物的生长习性，使园林景观在不同季节呈现出不同的效果。植栽设计还需要确保植物配置的可持续性，考虑未来养护的便利性。

（4）道路与交通流线设计　设计师需要在初步方案的基础上，进一步优化步行道、自行车道与机动车道的流线，确保各交通流线畅通无阻。道路的材料、宽度、交叉口等细节也需根据场地特点进行调整，以提高通行效率和舒适性。同时，必要的交通标识系统也需进行规划，确保用户能够快速理解园区的流线布局。

（5）设施与设备设计　设计师将进一步细化各类设施的布局与配置。包括休闲设施（如座椅、长椅等）、景观小品（如雕塑、喷泉等）以及公共设施（如厕所、垃圾桶等）的设计。这些设施不仅要满足功能需求，还需与景观设计风格协调，以提供舒适、美观的使用体验。

（6）水电、排水等配套设施设计　设计师需要进一步细化园区的供水、排水、电力系统等的布局，确保各项设施的合理配置和运行效率。在排水系统方面，需要确保雨水的顺畅排放，避免积水问题。同时，供电系统应考虑节能和可持续发展，避免过度消耗能源。

（7）施工图设计　设计师需要根据细化的设计方案绘制详细的施工图，包括场地的平面布置、道路铺装、植物配置、设施安装等。同时，设计师还需编制设计说明，确保所有设计细节清晰可行，为施工提供全面的技术支持。

（8）成本估算与预算　设计团队需要根据已细化的方案进行初步的工程量计算和成本估算。预算的准确性直接影响项目的可实施性，因此，设计师需要与预算人员紧密配合，对设计方案进行经济性评估，确保项目在预算范围内执行，并对可能的费用波动做出合理预判。

（9）与客户和相关部门的沟通与确认　设计团队需要将深化后的设计方案与客户、业主以及其他相关部门进行详细讨论和审查，确保设计方案符合实际需求，并获得所有相关方的认可。在此过程中，设计师可能需要根据反馈进行适当调整和优化，确保方案能够顺利进入施工阶段。

2. 方案详细设计阶段的主要图纸

方案详细设计阶段主要是对初步设计方案进行深化和细化的过程，这一阶段会涉及多个方面的图纸绘制，确保设计方案具备可实施性、可操作性和精确性。

（1）总平面图　方案详细阶段的总平面图不同于规划设计阶段的总平面图，它通常需要进一步细化，包括标注各功能区的具体位置、尺寸、比例等。

（2）竖向设计图 方案详细设计阶段的竖向设计图需要对场地的高程、坡度、地形变化等进行详细规划，并考虑排水系统的合理布局，包括雨水排放坡度、排水沟渠等的设置。

（3）道路与流线设计图 在方案详细设计阶段，设计师会根据具体情况对道路的宽度、曲线、交叉口、路面材质等进行细化，以确保交通流线的流畅性和安全性。

（4）种植设计图 方案详细设计阶段的种植设计图会进一步明确植物的种类、分布、植物群落的搭配以及各类植物的位置，确保符合生态要求、美学效果和功能需求。

（5）景观小品与设施设计图 景观小品和设施设计图包括各种小品元素（如雕塑、喷泉、假山、花坛等）及公共设施（如座椅、长椅、垃圾桶、栏杆等）的设计。这些图纸需要标注出设施的具体尺寸、材质、位置和造型等细节。

（6）照明设计图 在方案详细设计阶段，照明设计需要细化灯具的位置、照明效果、光源的选择（如 LED 灯、太阳能灯等），以确保夜间景观的美观与安全性。

（7）水景设计图 扩初阶段的水景设计图需要明确水景的位置、形态、流动方向及水源系统的配置。

（8）施工图设计准备图 在方案详细设计阶段，施工图设计准备图涉及基础设施的具体布置，如水电设施、排水管网、供电系统等。虽然施工图在后期会进一步深化，但这一阶段的准备图纸可为施工单位提供初步的参考依据。

（9）材料与设备清单图 该图纸列出园林设计中所使用的材料、设备及设施的详细清单，并标明材料的规格、品牌、颜色等。方案详细设计阶段的材料图纸需细化不同区域的材料要求，确保施工时能够按标准使用。

（10）设计说明与技术规范 除了图纸外，方案详细设计阶段还需编写详细的设计说明与技术规范，阐述设计理念、技术要求、材料规格、施工标准等内容，为施工图和后续实施提供指导。

练习习题

1. 在方案总平面设计中，空间布局的设计应考虑哪些因素？如何平衡功能性与舒适性来满足不同使用者的需求？

2. 景观元素的配置在园林设计中的作用是什么？如何通过合理配置景观元素来提升设计的生态价值和空间的可持续性？

3. 在平面设计方法中，轴线法、网格法和自由曲线法各自的特点是什么？在实际设计中，如何根据场地特点和设计目标选择合适的方法？

4. 方案详细设计阶段，如何在优化设计方案的同时，确保项目的可行性和高效执行？在预算和质量之间如何做出合理的取舍？

5. 植栽设计的深化过程中，如何根据场地的气候、土壤等自然条件选择合适的植物？植物的选择如何影响设计的生态效益和文化氛围？

6. 竖向设计是园林设计中的重要环节，如何通过竖向设计调整场地的高程，以达到视觉效果和使用功能的双重需求？

庭园设计案例解析

第四节　园林施工图基础与设计

 < 思想导航

（1）法治意识与规范遵守　强调园林施工图设计必须遵守相关法律、行业标准与国家规范，培养学生的法治意识和遵纪守法的职业素养。

（2）责任感与诚信　施工图设计要求忠实于方案、细化设计，强调设计人员的责任感与诚信，确保设计的准确实施与质量控制。

（3）系统性与整体思维　在总图设计和分区设计中，强调系统性和整体视野，培养学生的组织协调能力，提升其综合设计思维。

（4）团队合作与跨学科协作　分专业设计图强调各专业之间的合作，培养学生的团队精神和跨学科沟通能力，增强集体主义意识。

（5）创新精神与精益求精　鼓励学生在施工图设计中不断优化和创新，追求设计的完美与可实施性，培养其精益求精的态度和创新意识。

（6）实践导向与社会责任　通过强调施工图满足实际施工需求，培养学生的实践能力与服务社会的责任感，推动设计解决实际问题。

绘制园林施工图的意义在于它将园林设计从概念转化为具有可操作性的实际项目，能为园林建设提供全面、准确的指导。它是设计师与施工人员之间的沟通工具，确保了双方对设计意图和要求的准确理解。通过施工图，设计师可以将自己的创意和构思清晰地传达给施工人员，避免了因误解或沟通不畅而导致的施工错误。它也为园林建设提供了明确的施工要求和标准。施工图详细展示了园林工程的各个方面，包括地形改造、植物种植、水体设计、道路布局、园林建筑等，为施工人员提供了具体的工作指南。施工人员可以依据施工图进行材料采购、预算编制、进度安排等，确保施工过程的顺利进行。此外，园林施工图还在预算制定和材料采购方面发挥着重要作用。通过施工图，可以准确计算出所需的材料数量、种类和规格，从而制定合理的预算。此外，施工图也是材料采购的依据，可确保采购的材料符合设计要求，避免因材料不匹配或错误采购而造成的浪费和延误。当然，它对于园林工程的质量控制和验收也具有重要意义。通过对比施工图与实际施工情况，可以及时发现和解决施工过程中的问题，确保工程质量符合设计要求。同时，它也是验收的基础，通过对比施工图和实际完成情况，可以对园林工程进行全面、客观的评估，确保工程质量的可靠性和持久性。

一、园林施工图的概念、内容及绘制要求

（一）园林施工图的概念

园林施工图是园林工程建设中的重要文件，它是以园林设计为基础，将设计理念和构思转化为具有实际操作性的施工图纸。这些图纸详细展示了园林工程的地形改造、植物种植、水体设计、道路布局、园林建筑等各个细节，为施工团队提供了全面、准确的指导。园林施

工图不仅是设计师和施工人员之间的沟通工具，也是预算制定、材料采购、进度安排等的重要依据。通过园林施工图，施工人员能够清晰地了解设计师的意图，并按照图纸进行施工，从而确保园林工程的质量和效果达到预期目标。因此，园林施工图在园林工程建设中具有举足轻重的地位。

（二）园林施工图的主要内容

1. 施工图图纸目录和设计说明

施工图图纸目录和设计说明是整个园林项目施工阶段的重要文件，它提供了详细的图纸清单和各图纸的简要说明，帮助施工人员全面了解项目的设计意图和施工要求。目录中列出的各类图纸涵盖了从总体规划到具体细节的各个方面，包括施工总平面图、结构设计图、给排水设计图、电力设计图等，确保各项工作有条不紊地进行。每一类图纸都配有相应的设计说明，详细描述了图纸所涉及的设计理念、材料选择和施工要点，帮助施工单位理解并严格按照设计要求进行施工。设计说明部分不仅仅是对图纸的解读，还能确保所有施工人员对项目的整体理解一致，从而实现设计的精准落地和项目的高质量完成。

2. 施工图总图

园林施工图总图是园林项目的整体表达，汇集了多个专业领域的技术要求和施工指导信息。它通过图纸形式展现了园林项目的规划、设计和技术细节，通常包括总平面图、总平面定位图、总竖向设计图、总种植设计图、总照明设计图、总索引图等内容。每张图纸都详细标明了具体的设计参数、景观元素布局以及施工细节，指导施工单位准确实施设计方案。

3. 施工图分区图

当园林项目较大，在园林总图中不能清晰表达时，一般需要对场地进行分区表达。根据项目不同，不同分区需要表达的图纸也不尽相同，但一般包括：①分区布置图；②分区定位放线图；③分区铺装设计图；④分区重要节点设计详图。

4. 分专业设计图

园林施工图分专业设计图是将园林工程按照不同的专业领域进行划分，并为每个专业领域分别设计的图纸。

（1）园林建筑专业施工图 详细展示园林中的亭台楼阁、雕塑小品、座椅等构筑物的设计，包括平面图、立面图、剖面图等，指导其施工和安装。

（2）园林结构专业施工图 展示园林中关键节点的详细设计，如小品、园路、建筑物等的结构构造，通过平立剖面表达在图纸上，让施工人员能清楚地知道设计的具体内容。

（3）园林水电专业施工图 设计整个园林的给排水系统，包括水源、管网、喷头、排水口等的位置和布局，确保园林的正常供水和排水。设计园林的电气系统，包括灯具、电缆、电源等的布置和走向，确保夜间照明和其他电气设施的正常运行。

（三）园林施工图绘制的要求

1. 园林施工图设计需要忠实于方案的要求

在园林施工图设计中，忠实于方案要求至关重要，这确保了设计的连贯性和实施的效果。园林施工图应该以园林方案设计和园林初步设计为基础，在保持原方案设计风格的基础上优化、细化和深化施工图设计。如果施工图的造型及功能与方案阶段有重大改变，那就需要与甲方沟通并让甲方接受施工图的造型。

（1）深入理解方案　在开始施工图设计之前，设计师应深入研究和理解原始设计方案。这包括了解原始设计方案所表达的意图、风格、功能需求以及任何特定的细节或元素。

（2）与设计团队沟通　与原始设计团队保持密切沟通，确保对方案有共同的理解。这有助于澄清各种有疑问或不明确的地方，并确保施工图设计与原始方案保持一致。

（3）保持比例和比例尺　在施工图设计中，确保所有元素的比例和比例尺与原始方案一致。这有助于保持设计的整体平衡感和比例。

（4）准确表达细节　施工图设计需要详细而准确地表达原始方案中的每一个细节。这包括地形改造、植物种植、水体设计、道路布局、园林建筑等各个方面。可使用适当的符号、标注和图线来表示这些细节，确保施工人员能够准确理解并执行设计。

（5）考虑实际施工条件　虽然施工图设计需要忠实于原始方案，但也需要考虑到实际施工条件和环境因素。在必要时，应与施工团队协商并做出适当的调整，以确保设计的可行性和实用性。

（6）校审和修改　在完成施工图设计后，进行严格的校审和修改。这有助于发现并纠正任何与原始方案不符的地方，确保设计的准确性和一致性。

2. 绘制过程中需遵守相关规范和国家标准

图纸要尽量符合住房和城乡建设部发布的《建筑制图标准》（GB/T 50104—2010）的规定，设计内容应遵守园林景观设计、建筑设计、消防设计等相关规范。熟悉并掌握与园林施工图绘制相关的国家标准、行业规范以及地方规定。这包括但不限于图纸幅面、标题栏、图例、标注、字体、比例等方面的要求。

（1）熟悉相关规范和标准　设计师需要深入了解园林设计的相关规范和国家标准，包括《城市道路绿化设计标准》（CJJ/T 75—2023）等，确保设计符合法律法规和行业标准。

（2）绘制符合规范的图纸　在绘制园林施工图时，设计师需要按照规范要求，包括图纸比例、标注要求、符号规范等，确保图纸的准确性和规范性。

（3）使用合格的软件和工具　在绘制过程中，设计师需要使用符合规范要求的绘图软件和工具，确保图纸的质量和规范性。

（4）参考相关标准和规范　在绘制过程中，设计师需要不断参考相关的标准和规范文件，确保设计方案符合要求。

（5）审查和验收　在绘制完成后，设计师需要进行严格的审查和自查，确保设计图纸符合相关规范和标准要求。同时，还需要接受相关部门的验收，确保设计方案符合国家标准和规范要求。

3. 需要细化和优化设计方案

施工图绘制阶段不是简单的绘图阶段，而是深化设计和完善设计的重要阶段。

（1）充分了解现场条件和需求　在绘制园林施工图之前需进行深入的现场调查和研究，了解地形、土壤、气候等自然条件以及业主的需求和期望，这将为设计提供重要的基础数据和信息，有助于设计出更符合实际情况和业主需求的园林工程。

（2）注重细节设计　在绘制园林施工图时应注重细节设计，包括地形改造、植物种植、水体设计、道路布局、园林建筑等各个方面。对每个细节进行精心规划和设计，确保图纸的准确性和详细性。使用合适的符号和图例来表示不同的元素和细节，提高图纸的可读性和可理解性。

（3）考虑施工的可操作性　在设计过程中应充分考虑施工的可操作性。避免设计过于复杂或难以实现的方案，确保设计的可行性和实用性。与施工团队保持密切沟通，了解他们的施工经验和建议，以便在设计中作出相应的调整。

（4）注重植物配置和景观效果　在园林施工图设计中，应注重植物配置和景观效果的营造。根据地形、气候和土壤条件等因素，选择合适的植物种类和配置方式。同时，要考虑不同季节的植物景观效果，营造丰富多彩的园林景观。

（5）进行多方案比较和优化　在设计过程中，进行多方案比较和优化。通过对比不同方案的效果、成本、施工难度等因素，选择最优的方案进行深化设计。同时，应根据实际情况和需求进行不断调整和优化，确保设计的完善性和适用性。

4. 满足指导施工的要求

园林施工图在绘制的过程中，要根据项目的需求有所调整，不能千篇一律，但针对指导施工方面要求是一致的，即一定要满足以下四方面要求：①要满足施工预算的要求，为施工预算提供依据；②要满足施工材料的采购和准备需求；③要满足能够按照施工图进行具体施工的要求；④要满足参照施工图进行工程验收的要求。

二、园林施工图设计

（一）施工图总图设计

施工图总图阶段的图纸不同于方案设计阶段的总平面图，它包括一系列图纸内容，主要有总平面布置图、总平面索引图、总平面定位图、总竖向设计图、总铺装设计图、总种植设计图、总照明设计图、公共设施设计图等，其中总竖向设计图、总铺装设计图、总种植设计图、总照明设计图、公共设施设计图等图纸也可在分区绘制的图纸中呈现。

1. 总平面布置图

这是总平面图设计的核心，它展示了园林的整体空间布局。图中会标注出各个功能区域的位置、范围以及它们之间的关系。比如，草坪、花坛、水体、建筑小品等区域都会在总平面布置图上清晰地展示出来。

2. 总平面索引图

总平面索引图最重要的作用就是标示总图中各设计单元、设计元素的设计详图在施工图文本中所在的位置。如果没有分区图，则每个设计单元和设计元素均应有对应的详图索引。

3. 总平面定位图

总平面定位图对于确保园林项目的准确定位、尺寸控制、各方协同工作以及施工和验收的顺利进行具有重要意义。它是园林项目施工过程中的重要参考资料，为项目的成功实施奠定了坚实的基础。

（1）确定坐标原点及坐标网格的精度　在绘制总平面定位图之前，需要确定坐标原点，这通常是园林的中心点或某个特定点。然后，根据项目的需要确定坐标网格的精度，即网格的大小和间距。

（2）绘制测量和施工坐标网　在图纸上绘制测量和施工坐标网，这有助于在后续的施工阶段进行定位和测量。坐标网通常包括横纵坐标轴、坐标刻度以及坐标原点。

（3）标注尺寸　在图纸上标注各个关键点的尺寸，包括建筑物的尺寸、道路和广场的尺寸等。这些标注要求清晰、准确，以便后续施工和验收。

（4）编写说明及图例表　在图纸的适当位置编写说明，解释图纸中的符号、标注和特殊说明。同时，绘制图例表，列出图纸中使用的各种符号和标注的含义。

4. 总竖向设计图

园林总平面竖向设计图是一种地形详图，它根据设计平面图及原地形图绘制而成，通过标注高程的方法，表示地形在竖直方向上的变化情况及各造园要素之间位置高低的相互关系。竖向设计图主要表现地形、地貌、建筑物、植物和园林道路系统的高程等内容。它是设计者从园林的实用功能出发，统筹安排园内各种景点、设施和地貌景观之间的关系，使地上设施和地下设施之间、山水之间、园内与园外之间在高程上有合理的关系所进行的综合竖向设计。其主要用途在于能为园林设计提供高程依据，有助于合理确定道路、广场、建筑、设施、绿化等工程的标高，保证排水顺畅，同时会考虑土方平衡、景观效果及工程投资等因素。此外，竖向设计图也是施工放线和土方量计算的重要依据，有助于施工人员准确地将设计方案投射到实际场地中，确保施工质量和效果。

（1）场地原有地形图　一般甲方会连同设计任务书一同提供，地形图是园林竖向设计的图底和依据。

（2）场地相邻区域关键性标高　尤其是与本工程入口相接处的标高。

（3）建筑一层地面标高　关注建筑出入口与室外地面衔接情况。

（4）园路、广场、桥涵和其他铺装场地的标高　园路、广场、桥涵等是园林中的重要组成部分，竖向设计图会明确标注这些元素的高程、纵横坡和坡向，确保排水顺畅和景观效果。同时，对于铺装场地的设计，也会考虑其高程和与周围环境的关系。

（5）水景标高　关注水景、地形等的控制性标高，以及水体的常水位、最高水位与最低水位、水底标高等。

（6）建筑和其他园林小品地坪标高　建筑（如亭台楼阁、服务设施等）和其他园林小品（如纪念碑、雕塑、座椅等）在园林中起到重要的点缀和实用功能。竖向设计图会标注这些元素的地坪标高及其与周围环境的高程关系，确保它们在空间布局上的合理性和协调性。

（7）挡土墙、护坡土坎标高　标注挡土墙、护坡土坎顶部和底部的设计标高和坡度。

（8）道路、排水沟设计标高　标注道路和排水沟的起点、变坡点、转折点、终点的设计标高，两控制点间的纵坡度、纵坡距，道路应标明双坡面、单坡面、立道牙或平道牙，必要时标明道路平曲线和竖曲线要素。

5. 总铺装设计图

园林总平面铺装设计图主要关注园林地面铺装的布局和设计。它详细描绘了园林内部各个区域的铺装材料、样式、色彩以及高程等关键信息，能为施工提供精确指导。它通过使用不同的铺装材料和组合形式，可以有效地划分和定义园林内部的不同空间。这种空间分隔不仅有助于区分不同的功能区域，还能在心理上产生不同的暗示，从而丰富空间层次感和变化效果。铺装设计在园林景观中还起着引导视觉流线的作用。通过合理的铺装布局和样式设计，可以有效地引导人们的视线和行走方向。另外，铺装设计在园林中往往能够表达特定的意境和风格。通过精心选择的铺装材料、图案和色彩，可以营造出独特的氛围和视觉效果，从而增强园林景观的艺术感染力。

（1）铺装区域划分　图纸会根据设计需求，将园林空间划分为不同的铺装区域，如人行道、广场、停车场、休闲区等。每个区域都会有明确的边界和标注，以指导施工人员进行准确的定位和布局。

（2）铺装材料与样式　图纸会明确标注所使用的铺装材料，如石材、砖块、木材、混凝土等，并详细描绘每种材料的规格、颜色、纹理等特性。此外，还会展示不同的铺装样式，如图案、纹理组合、拼花等，以满足设计的美学需求。

（3）标注与说明　图纸中会包含必要的标注和说明，如材料名称、规格、数量、施工工艺要求等。这些标注和说明有助于施工人员准确理解设计意图，确保施工质量和效果。

6. 总种植设计图

园林总平面种植设计施工图主要展示园林中植物的种类、数量、规格、种植位置及形式等详细信息。这份图纸是施工人员进行定点放线、组织种植施工与养护管理以及编制预算的重要依据。施工人员可以根据图纸上的信息，准确地进行定点放线，并按照设计要求的种植形式和规格进行植物种植。养护管理人员可以根据图纸上的植物种类和数量，制定合适的养护计划，确保植物健康生长。工程预算人员可以根据图纸上的植物种类、数量和规格，编制出准确的种植工程预算，为项目成本控制提供依据。

（1）植物种类与数量　图纸上会详细列出所需种植的植物种类，包括乔木、灌木、地被植物等，并标注每种植物的数量。

（2）植物规格　图纸上还会标注每种植物的规格，如冠幅、高度等，以确保施工人员能够准确选择符合设计要求的植物材料。

（3）种植位置与形式　图纸上通过精确的坐标和尺寸标注出每种植物的种植位置，并展示其种植形式，如群植、列植、孤植等。

此外，园林总平面种植设计施工图还可能包括一些必要的文字说明和细节标注，如特殊植物的养护要求、种植土的要求等。庭园植物种植如果相对简单，可在图上直接标注。

7. 总照明设计图

园林总平面照明设计施工图主要描绘园林中照明设施的布局、类型、光源、控制方式等关键信息。施工人员可以根据图纸上的信息，准确地进行照明设备的定位和安装，确保照明设施能够按照设计要求发挥作用；通过图纸上的照明布局和光源选择，可以确保园林在夜间呈现出预期的光影效果，提升园林的观赏性和安全性。另外，图纸中包含的照明设施详细信息，有助于维护人员了解设备的规格、性能及安装位置，从而方便后期的维护和管理工作。

（1）照明设施布局　图纸上会显示各类照明设施（如路灯、景观灯、草坪灯等）的布置位置和数量，以及它们之间的间距和排列方式。

（2）光源与灯具选择　根据设计需求，图纸会标明所使用的光源类型（如 LED、荧光灯等）和灯具样式（如投光灯、泛光灯等），以及它们的光照强度、色温等参数。

（3）控制方式　图纸会描述照明系统的控制方式，如手动开关、定时控制、智能控制等，以及控制设备的安装位置和接线方式。

（4）线路布置　图纸会详细绘制照明线路的走向、埋深和连接方式，以确保线路的安全性和可靠性。

（5）标注与说明　图纸中还会包含必要的标注和说明，如设备编号、规格型号、安装要求等，以便施工人员准确理解设计意图。

8. 公共设施设计图

园林总平面公共设施设计施工图主要展示园林中各类公共设施的位置、尺寸、材料、样式等关键信息，为施工人员进行公共设施安装、布置及后期维护管理提供依据。它能确保公共设施在园林中的布局合理、功能完善，同时能满足美观和实用的需求。施工人员也可以通过它清晰地了解公共设施的具体位置和安装方式，从而确保施工质量和效率。此外，公共设施设计施工图也为后期维护管理提供了便利，使得维护人员能够快速定位并处理设施问题。

（1）公共设施的种类与数量　图纸上详细列出了园林中所需的公共设施种类，如座椅、垃圾桶、指示牌等，并标注了每种设施的数量。

（2）公共设施的位置与布局　图纸通过精确的坐标和尺寸标注，明确了每种公共设施在园林中的具体位置，以及它们之间的相对布局关系。

（3）公共设施的材料与样式　图纸上详细描述了公共设施所使用的材料、颜色、纹理等特性，并展示了设施的样式和设计风格，以确保公共设施与园林整体风格相协调。

（4）安装方式与细节要求　图纸中提供了公共设施的安装说明和细节要求，如安装深度、固定方式、连接件规格等，以确保施工人员能够正确安装公共设施。

此外，根据具体的设计需求和项目特点，园林总平面公共设施设计施工图可能还包含其他附加内容，如无障碍设施设计、公共设施与周边环境的协调性等。

（二）施工图分区设计图

园林施工图分区设计图是对园林工程进行详细划分，并分别进行设计的一种图纸形式。它的主要用途在于将复杂的园林工程分解成若干个相对独立但又相互关联的区域，以便更精确地指导施工，并确保各区域之间的协调与统一，实际上其在各分区图中也根据分区情况包含了总图中的种类，一般包括分区平面布置图、分区平面定位图、分区放大平面铺装设计图、分区植物种植图和各区重要节点设计详图。

（三）施工图分专业设计图

园林施工图分专业设计图的主要用途在于确保园林工程中各个专业领域的设计细节得到充分考虑和准确表达，从而指导施工人员进行专业施工，达到预期的景观效果。除了前面提到的种植施工图以外，园林施工图分专业设计图一般包括园林建筑专业施工图、园林结构专业施工图和园林水电专业施工图。

1. 园林建筑专业施工图

这里的园林建筑主要是指建造在公园、风景区和城市绿化地段内，供人们游憩或观赏用的建筑物，如亭、台、楼、榭等，也包括文化性和艺术性较强的构筑物（如景墙、图腾柱等没有内部空间的建筑）。其一般较小，主要用于园林造景和为游览者提供观景的视点及场所，提供休憩及活动的空间。园林建筑的施工图设计阶段一般由园林设计师、建筑师、结构工程师、给排水工程师、电气照明工程师等专业人员共同参与设计，其中建筑师或园林设计师负责建筑构造部分的设计。

（1）园林建筑施工平面图　一般包括园林建筑的基础平面图、底层平面图、中间层平面图、屋顶平面图等。园林建筑基础平面图表达的是结构柱或承重墙在地面以下的基础平面信息。底层平面图主要描述园林建筑的底层，即地上与地下的相邻层，并与室外直接相通，是上下和内外的枢纽。中间层平面图是指多层园林建筑中间层的平面图，如果多个建筑层次共用一个平面图，那么需要标注每层的标高。屋顶平面图主要表现屋顶的构造细节和排水组织，突出屋面的构件位置以及屋面的尺寸和标高等信息。

（2）园林建筑施工立面图　园林建筑施工立面图主要表现园林建筑物垂直面的外观和结构细节：①建筑物外观。立面图展示了建筑物外部的形态、材质、颜色等信息，包括墙面、窗户、门、装饰等，以便施工人员按照图纸进行建筑物外观的施工。②结构细节。立面图也包括了建筑物结构的细节，如墙体结构、立柱、梁、檐口、雨篷等，以及与其他构件的连接方式和细节处理，这些信息对于施工过程中的结构施工非常重要。③建筑物比例。立面图通常会标注建筑物的比例尺，以确保施工过程中按照正确的比例进行建造，保持建筑物的外观和结构的准确性。通过施工立面图，施工人员可以清晰地了解建筑物的外观和结构细节，确保施工过程中按照设计要求进行，实现设计意图。

（3）园林建筑施工剖面图　园林建筑施工剖面图主要表现园林建筑物的纵向结构和内部构造细节：①建筑物结构。剖面图展示了建筑物纵向切面的结构，包括墙体、地板、屋顶等各个部分的结构形式和材料，以便施工人员按照图纸进行建筑物内部结构的施工。②空间布局。剖面图还可以展示建筑物内部空间的布局，包括房间的分隔、楼层高度、天花板高度等信息，有助于施工人员在施工过程中进行空间布置和装饰。③设备管线。剖面图也会标注建筑物内部的设备管线，如水暖管道、电气线路等，以及它们与建筑结构的关系，有助于施工人员在施工过程中进行设备安装和管线铺设。通过施工剖面图，施工人员可以清晰地了解建筑物的纵向结构和内部构造细节，确保施工时按照设计要求进行，实现设计意图。

2. 园林结构专业施工图

园林结构专业施工图主要为施工人员提供详细的施工指导和技术要求，以确保园林工程按照设计要求进行施工。

（1）基础施工图　详细展示园林建筑和构筑物的基础结构，包括基础的类型、尺寸、材料以及施工要求等。这有助于确保基础施工的准确性和稳定性，为后续的结构施工奠定坚实基础。

（2）主体结构施工图　展示园林建筑和构筑物的主体结构，如梁、板、柱、墙等构件的布置、尺寸、材料以及连接方式。这些图纸详细描述了主体结构的构造细节，确保施工人员能够按照设计要求进行施工。

（3）细部结构施工图　针对园林建筑和构筑物的细部结构，如节点、连接部位、装饰构件等进行详细描绘。这些图纸有助于施工人员理解并准确实现细部结构的施工要求，提升整体结构的精细度和美观性。

（4）钢结构施工图　如果园林工程中涉及钢结构，那么还需要提供钢结构施工图。这些图纸详细描述了钢结构的布置、尺寸、连接方式以及节点处理等，确保钢结构施工的安全性和稳定性。

需要说明的是，在园林结构施工图绘制过程中，需要对结构细节、施工工艺、材料规格、安全要求以及环保要求标注明晰。

3. 园林水电专业施工图

园林水电专业施工图是园林工程中用于指导水电设施安装和布线的施工图纸。其主要用途在于确保园林中的电气设备和给排水设施能够按照设计要求进行安装，满足园林的功能需求，并确保设施的安全性和稳定性。

（1）电气设计图　详细展示园林中的电气线路布置、灯具和插座的位置、配电箱的规格和安装位置等。电气设计图会考虑园林的整体布局和景观效果，确保电气设施与周围环境相协调，并提供充足的照明和电力供应。

（2）弱电系统图　涉及园林中的通信、监控、广播等弱电系统。这些图纸会明确弱电设备的类型、数量、安装位置以及线路走向，确保弱电系统的正常运行和信号传输的稳定性。

（3）给排水设计图　详细规划园林中的给水、排水管道布局。设计图会明确水源的接入点、管道的规格、走向和连接方式，以及排水设施的位置和排水方式。这些设计图旨在确保园林的供水充足、排水顺畅，满足植物灌溉和日常使用需求。一般庭园景观项目给排水设计相对简单，设计满足庭园雨水和景观用水的给水、排水和泄水即可，管线规格和型号可在图表中标注。

（4）设备布置图　展示园林中各类水电设备的具体位置和安装方式，这些设备可能包括水泵、水箱、变压器、发电机等，设备布置图中会提供设备的详细尺寸、安装要求和连接方式等信息，确保设备的正确安装和运行。

园林水电专业施工图图纸中需要有必要的标注和说明，如设备型号、规格、材料要求、施工注意事项等。另外，通过园林水电专业施工图，施工人员可以清晰地了解园林中水电设施的具体位置和安装方式，从而进行准确的施工和布线工作。同时，这些图纸也为后期维护和管理提供了便利，使得维护人员能够快速定位和处理水电设施的问题。具体的园林水电专业施工图会因不同的园林项目和设计要求有所差异。因此，在实际应用中，应根据具体情况进行灵活调整和完善。

练习习题

1. 在实际绘制施工图过程中，如何确保设计方案的细节得以精准呈现，同时符合施工和安全要求？

2. 园林施工图的绘制过程中，遵守规范和国家标准是至关重要的。请简要阐述相关规范对施工图绘制质量的保障作用，并探讨遵循标准背后的社会责任感。

3. 在园林施工图的绘制中，如何优化设计方案以提高施工效率和效果？请结合可持续设计理念，讨论如何在图纸中体现节约资源和环保的设计理念。

4. 施工图总图设计中的竖向设计图对场地的整体效果有重要影响。请简要说明竖向设计在施工图中的作用，以及如何平衡美学效果与功能性要求。

5. 在施工图设计中，如何根据不同功能区划分的需求，绘制分区设计图？请结合项目的实际功能需求，探讨如何在设计中实现空间利用与功能区分的和谐统一。

6. 园林施工图涉及多个专业设计图，如何协调园林建筑、结构及水电设计图的关系？请简要说明如何在设计中确保各专业之间的有序配合，避免设计冲突。

园林施工设计图样图与标准图集

第三章 园林构成要素

第一节 园林地形

 ‹ **思想导航**

（1）尊重自然，融合人与环境　园林地形的设计应遵循自然规律，强调人与自然和谐共生，体现生态文明建设理念，推动可持续发展的园林设计。

（2）空间与文化的结合　园林地形的塑造不仅要考虑空间功能，还要融入历史文化与地域特色，彰显民族文化自信，提升文化认同感。

（3）社会责任与环境保护　通过合理的排水设计和小气候创造，园林地形有助于提升城市的生态环境质量，增强人们对环保和公共空间建设的责任感。

一、园林地形概述

园林地形是指园林项目中，设计技术人员以自然地形为参照，结合植物生长需要、美学原则及工程技术要求所营造出高低起伏的地势变化。它是在一定区域内承载植物、营建道路广场、水体及园林建筑等园林元素的地面。园林地形能够满足不同园林功能要求的需要，其作用主要有分隔空间、控制视线、引导游客以及改善小气候等。在园林中，无论是自然的河流湖泊、山地丘陵，还是小型园林中的池水溪泉、假山土岗，都应充分利用原有地形，必要时可进行一定的设计和施工上的艺术处理，以构成园林绿地内一道独特的风景线。总之，园林地形是园林绿地的重要组成部分，是空间营造的初步设计，是植物种植的基础。

二、园林地形主要功能

1. 空间塑造

（1）空间形态　根据地形的高低起伏、宽窄变化等特征，可以创造出不同形态的园林空间。例如，可以利用凸地形创造开放空间，利用凹地形创造封闭空间（图3-1），利用坡地地形创造半开放半封闭空间等。

（2）空间层次　通过地形的变化和组合，可以创造出多层次、多维度的园林空间。例如，可以利用台阶地形创造不同高度的平台，利用坡地地形创造高低错落的空间等（图3-2）。

（3）空间渗透　利用地形的高低变化和植物的配置，可以创造出空间渗透的效果。例

图 3-1 利用地形塑造的凹空间

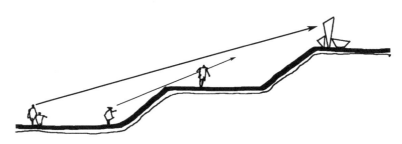

图 3-2 台阶地形形成的空间层次

如，可以利用地形的高低变化，使游人的视线透过低处的空间看到高处的景观，或者在高处设置观景台或花坛等，使游人看到更广阔的景色（图 3-3）。

图 3-3 凹凸地形位置实现的空间渗透变化

（4）空间序列　通过地形的起伏变化和植物的配置，可以创造出有节奏、有序列的空间感。例如，可以利用地形的起伏变化，将园林空间组织成一个有起承转合的空间序列，使游人在游览过程中感受到空间的变化和节奏感。

（5）空间功能　通过地形的变化和组合，可以创造出适合不同功能需求的园林空间。例如，可以利用地形的高低变化，创造出适合运动的空间和适合休息的空间；可以利用坡地地形创造出适合种植植物的空间等。

2. 视线引导

（1）利用地形的高低变化　通过设计地形的高低起伏，可以影响人们的视线方向。例如，在低洼处设置景观节点或构筑物，可以引导人们的视线向该方向移动。同时，利用地形的坡度变化，也可以引导人们的视线随坡度的变化而移动（图 3-4）。

（2）利用地形的遮挡和视线引导　通过在地形上种植植物或设计景观元素，可以形成遮挡和透视线索，引导人们的视线。例如，利用树木、灌木丛或小品等元素，可以形成视线屏障，遮挡不希望被看到的区域，同时引导人们的视线向特定的方向移动，如图 3-5 所示。

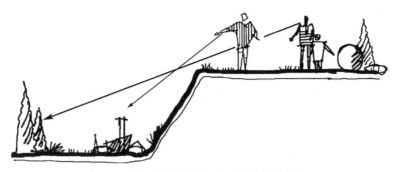

图 3-4　结合地形设置景物实现的视线引导

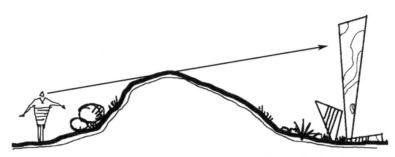

图 3-5　利用地形设置景物遮挡实现的视线引导

（3）利用地形的明暗变化　地形中的明暗变化也可以引导人们的视线。例如，在较暗的区域设置景观节点或构筑物，可以吸引人们的注意力，引导人们的视线向该方向移动。同时，利用地形的光影变化可以创造出视觉上的焦点，吸引人们的视线。

（4）利用地形的色彩和质感变化　地形的色彩和质感也可以用来引导人们的视线。例如，在浅色调的地形上种植深色的植物或设置深色的构筑物，可以引导人们的视线向该方向移动。此外，利用地形的质感变化，也可以创造出视觉上的差异来引导人们的视线。

3. 景观元素载体

（1）形成地形景观　地形本身就可以形成独特的景观。例如，利用山体地形可以创造出山景、峡谷等景观；利用坡地地形可以创造出斜坡花坛、梯田等景观。这些地形景观可以成为园林中的重要景点，吸引游人的注意力。

（2）组织景观元素　地形可以用来组织和分隔园林中的各种景观元素。例如，利用地形的高低变化，可以将植物、构筑物、小品等景观元素进行合理的安排和布局，形成具有层次感和空间感的景观效果。

（3）创造空间感　地形可以创造出不同的空间感。通过地形的起伏、倾斜和凹凸变化，可以形成开放空间、封闭空间、半开放半封闭空间等不同的空间感，使园林空间更加丰富多样。

（4）形成背景　地形也可以作为其他景观元素的背景。例如，利用地形的高低变化，可以将植物、构筑物等元素衬托出来，形成更加突出的景观效果。

4. 空间分割

（1）高低起伏的地形　利用地势高低起伏的特点，可以将园林空间分割成不同高度的区域，如设置台阶、坡地等，形成层次分明的空间结构。

（2）地势起伏的景观板块　通过设置地势起伏的景观板块，如小山丘、低洼地等，可以将园林空间分割成独立的景观单元，增加空间的变化和丰富性。

（3）自然屏障　利用地形起伏设置自然屏障，如山丘、岩石等，将园林空间分割成相对独立的区域，创造私密感和独特的景观体验。

（4）水体分割　利用地形低洼处容纳水体，如湖泊、池塘等，可以将园林空间分割成水景区和陆地区，形成对比鲜明的景观效果。

（5）地形过渡带　利用地形起伏（如坡地、丘陵等）设置过渡带，将不同功能的园林空间进行分割和连接，从而形成自然的流线过渡。

5. 排水设计

（1）了解地形条件　在开始设计之前，需要对地形进行详细了解，包括地势高低、坡度大小、土壤渗透性等。这些信息将有助于确定排水系统的布局和设计参数。

（2）规划排水区域　根据地形和园林布局，合理规划排水区域。将园林划分为若干个排水区域，每个区域设置合适的排水设施，如排水沟、管道等。

（3）设计排水设施　根据地形和排水需求，设计合适的排水设施。排水设施应尽量利用地形自然排水，减少人工排水设施的数量。同时，要确保排水设施的容量和排水能力能够满足园林的排水需求。

（4）确定排水流向　根据地形的坡度和地势，确定合理的排水流向。排水流向应尽量与地形自然排水方向一致，减少排水阻力，提高排水效率。

（5）考虑土壤渗透性　土壤渗透性是影响排水效果的重要因素。在设计中应充分考虑土壤的渗透性，选择合适的排水材料和施工方法，确保排水系统能够顺畅运行。

（6）保护生态环境　在设计中应尽可能减少对生态环境的破坏，保护原有植被和生态系统。合理利用地形，减少土方开挖和填埋，减少对自然环境的干扰。

6. 创造小气候

（1）利用地形阻挡风　利用地形的高低变化和山体的屏障作用，可以阻挡强风、减小风速，创造适宜的小气候环境。例如，在冬季可以利用山体的遮挡作用，减少冷空气的侵入，保持温暖的小气候环境。

（2）利用地形引导风　通过地形的设计，可以引导风向，使风吹向需要的地方。例如，在夏季可以利用地形的高低变化，引导风向向上，增加通风效果，降低小环境温度。

（3）利用地形增加绿化面积　通过地形的设计，可以将微地形和小坡地的面积扩大，增加绿化面积。例如，利用起伏的地形和微地形设计，可以使植物生长在更广阔的区域，增加绿地的覆盖面积。

（4）利用地形改善局部气候　通过地形的设计和植被的种植，可以改善局部的气候条件。例如，在夏季可以利用地形设计来增加阴影面积，减少阳光直射，降低小环境温度。同时，植被的蒸腾作用也可以降低环境温度。

（5）利用地形控制雨水流向　通过地形的设计，可以引导和控制雨水的流向，防止水土流失和洪水泛滥。例如，利用地形的坡度设计，可以将雨水引入排水沟或池塘中，避免雨水冲刷地面和破坏生态环境。

7. 营造特色景观

（1）利用地形塑造景观　地形高低起伏、突兀或嵌入的特点可以用来展示植物、水体、构筑物等景观元素。通过调整地形的高度、形状和坡度，可以创造出具有立体感和层次感的景观效果。

（2）利用地形创造视觉焦点　通过地形的设计可以创造景观的视觉焦点，吸引游人的注意力。例如，利用山体地形可以创造出山景、峡谷等景观，这些地形景观可以成为园林中的重要景点，为园林增添特色。

（3）利用地形形成空间分隔　利用地形的高低变化和坡度可以用来分隔空间，形成不同功能和主题的区域。例如，利用地形的坡度可以将空间划分为安静的休息区和热闹的活动区，满足不同人群的需求。

（4）利用地形组织游览路线　地形的设计可以用来组织游览路线，引导游人按照一定的方向和顺序游览。例如，利用地形的坡度变化可以创造出"步移景异"的游览效果，使游人在游览过程中不断发现新的景色和景观元素。

（5）利用地形与文化结合　地形的设计可以结合当地的文化和历史，创造出具有文化特色的景观。例如，利用山体地形可以模仿自然山形，创造出具有传统山水文化特色的景观。

三、园林地形主要类型

园林地形根据不同的分类依据可以分成不同类型：按地形要素的构成可以分为土丘、台地等；根据地形高差处理类型，可以分为大地形、小地形和微地形等；按地形形态可以分为凸地、山地、盆地、谷地等；按地形的功能可以分为景观地形和功能地形；按地形处理方式可以分为自然式、规则式和混合式；按地形与周围环境的关系可以分为独立地形和关联地形。

1. 平坦地形

（1）平坦地形的定义　平坦地形指的是地面在水平方向上的特征，即在一个相对较小的范围内，地面高程变化极小，无明显起伏或坡度。在园林规划设计中，平坦地形通常表现为地面平坦，无明显高低差异。这种地形通常更容易施工，适合布置各种园林设施和植物，也可为人们的活动提供便利。因此，在园林规划设计中，对平坦地形的合理利用和设计是非常重要的。

（2）平坦地形在园林规划设计中的作用和特点　平坦地形可以更好地利用空间，为园林规划设计提供更多的可能性，使设计更加灵活多样。其适合布置各种活动场所，如草坪、广场等，为人们提供休闲娱乐的空间，使人们在园林中游览时视野更为开阔。平坦地形相对较稳定，便于园林设施的布置和园艺植物的种植。相对于复杂地形，平坦地形的施工难度较低，施工成本相对较低。另外，其适合各种类型的园林规划设计，如公园、庭园等。总体来说，平坦地形在园林规划设计中具有稳定性强、适应性广、利用空间高效等特点，为园林规划设计提供了广阔的发挥空间。

（3）平坦地形的设计原则　①充分考虑平坦地形的空间特点，设计合理的布局和功能分区，使空间得到最有效的利用。②通过合理的植物配置、景观元素设置和地形处理，创造出丰富的景观层次，使平坦地形不显单调。③尽管是平坦地形，也需要考虑排水系统的设置，确保在雨水天气下不会积水。④根据不同的功能需求，设计出适合人们活动的空间，如休闲区、游乐区等。⑤考虑周围环境的特点，使平坦地形的设计与周围的自然和人文环境相协调。⑥通过植物、景观元素和地形处理，营造出美观的视觉效果，提升景观品质。

2. 凸地形

（1）凸地形的定义　凸地形是指地表向外突出、相对于周围区域地势较高的地形形态。在地理学和地貌学中，凸地形通常被描述为丘陵、山丘、山脊等。这些地形特征在地表上呈现出向上凸起的形态，与周围地形形成对比。在园林规划设计中，凸地形可以用来创造层次感和景观效果，例如在设计花园或公园时，可以利用凸起的地形来打造观景平台、凉亭或者突出的景点，增加园林的景观吸引力和立体感。同时，凸地形也可以用来划分不同的功能区域，如利用小山丘来划分花园的不同区域，增加园林的变化和趣味性。

（2）凸地形在园林规划设计中的作用和特点　凸地形可以提供外向性视野，形成制高点和视觉焦点，有利于设置观赏平台。它还可以组织景观，创造空间变化，增强景观的层次感和动态感。此外，凸地形也可以作为造景之地，将建筑物、植物、水景等景观元素与地形相结合，形成独特的景观效果。凸地形考虑地形的高差变化，利用地形创造不同的空间和景观效果。利用凸地形可以进行视线引导和组织，控制观景的视角和方向，也可以设计景观的层次和节奏变化，增强景观的动态感和立体感。在凸地形的设计中，要注意地形的自然性和生态性，保护和恢复地形的生态环境。

（3）凸地形的设计原则　①凸地形是自然形成的，设计时应尽可能地保留和利用自然地形，避免对原有的地形进行破坏或过度的人工改造。②凸地形可以影响人们的视线和遮挡景观，设计时应考虑如何利用地形创造最佳的观景点、控制视线方向和引导观景视线。③设计时应考虑如何利用凸地形创造不同的空间和层次感，增强景观的动态感和立体感。④凸地形可以满足不同的功能需求，如休息、观景、活动等。设计时应考虑如何结合凸地形设置相应的设施和景观元素，满足人们的使用需求。⑤凸地形的设计需要考虑经济性，包括建设成本、维护成本等方面。这需要采取相应的措施和设计方法，如选择合适的材料、合理的布局等。⑥凸地形的设计应考虑景观的可持续性，包括地形的维护、植被的生长、水土保持等方面。这需要采取相应的措施和设计方法，如生态修复、水土保持等。⑦在设计凸地形时，需要考虑环境因素，如气候、土壤、植被等。这些因素会影响地形的形态和特征，因此需要根据实际情况进行设计。

3. 凹地形

（1）凹地形的定义　凹地形是指地表向内凹陷、相对于周围区域地势较低的地形形态。在地理学和地貌学中，凹地形通常被描述为山谷、洼地、盆地等。这些地形特征在地表上呈现出向下凹陷的形态，与周围地形形成对比。

（2）凹地形在园林规划设计中的作用和特点　凹地形可以创造出独特的地形景观，丰富空间的层次感和深度感。它还可以营造出多种小气候，例如可以阻挡或引导风向，影响太阳辐射的吸收和反射，从而改善小气候环境。此外，凹地形还可以用于排水组织和游憩功能的实现，如在大雨时形成水洼，而在平时可供人们休息、晒太阳等。凹地形在景观设计中通常表现为碗状洼地，具有内向性和封闭感，这种地形可以创造一种安全和私密的空间，使置身其中的人集中注意力在其中心或底层区域。凹地形也有分割感，可以用于组织空间和视线。在排水和道路方面，凹地形可能会带来一些困难。凹地形在山地环境中通常呈现较为平坦的地面，适于景观活动的开展且具有内向的视线特征。不同围合程度的凹地形具有不同的空间感受，围合度越高，封闭感越强烈。在盆地地形中，凹地形是盆地或山谷部位的低凹部分，其内部区域较为平缓，具有向心性和内向的面状空间，封闭感较强，适于规划水景或开展私密性较强的活动。

（3）凹地形的设计原则　①凹地形是自然形成的，设计时应尽可能地保留和利用自然地形，避免对原有的地形进行破坏或过度的人工改造。这样可以保护生态环境，同时可使景观更加自然、和谐。②凹地形可以满足不同的功能需求，设计时应考虑如何结合凹地形设置相应的设施和景观元素，满足人们的使用需求。例如，在凹地形中设置座椅、花坛、水景等，提供人们休息、观赏和娱乐的场所。③凹地形可以创造出独特的景观效果，设计时应考虑如何利用地形创造最佳的景观效果，增强景观的视觉冲击力和艺术感。例如，利用凹地形创造一个下沉花园，通过地形的高差变化和植物的搭配，营造出独特的景观效果。④凹地形可能存在安全风险，如滑坡、塌陷等。设计时应考虑如何保证地形安全，采取相应的防护措施。例如，对凹地形的边缘进行加固、设置警示标志等，以确保人们的安全。⑤凹地形可能存在生态敏感区或生态脆弱区，设计时应考虑如何保护和恢复生态环境，创造可持续的景观，如在凹地形中种植本土植物、保护野生动物栖息地等。

练习习题

1. 如何借助地形进行园林空间的塑造？
2. 在园林中，如何借助地形引导游人视线？
3. 在园林中，地形如何作为景观元素的载体？
4. 如何借助地形进行园林空间的分割？
5. 如何在地形设计中考虑排水问题？
6. 在园林中，如何借助地形创造小气候环境？

第二节　园林建筑

思想导航

（1）园林建筑与文化传承　通过建筑形式、空间布局和装饰细节展现文化精髓，帮助学生了解和传承中华优秀传统文化，增强文化自信与认同感。

（2）人性化设计与公共服务　园林建筑不仅能满足美学需求，还注重为人们提供舒适的休息、娱乐与交流空间，培养学生关注公共空间建设、提升人民生活质量的责任感。

（3）功能与情感的共鸣　园林建筑不仅具备实用功能，还能够通过空间的创造与设计，激发人们的情感共鸣，培养学生在设计中关注人文关怀与社会情感的重要性。

一、园林建筑概述

园林建筑指的是建造在园林和城市绿化地段内供人们游憩或观赏用的建筑物，常见的有亭、榭、廊、阁、轩、楼、台、舫、厅堂等。这些建筑物本身具有优美的造型和景观价值，同时它们的存在也丰富了园林的景致。园林建筑是我国园林中不可或缺的组成部分，它对于满足人们的休憩及各种游览活动需求有着重要的作用。园林建筑的设计需要与所处的环境密切关联，体现出诗情画意，使人在建筑中更好地体会自然之美。园林建筑也是建筑中一种特殊的类型，对艺术性的要求较高。在园林中，地形可以与园林建筑相结合，创造出独特的小气候环境和特色景观。例如，利用地形阻挡风、引导风、增加绿化面积、改善局部气候和雨水流向等，再与园林建筑相结合，共同营造出优美的景观效果。

二、园林建筑主要功能

1. 营造良好氛围

（1）融合自然　园林建筑通过与自然景观的和谐设计，融入周围环境，形成统一、舒适的整体氛围，使游客在享受自然景色的同时，得到身心的放松。

（2）氛围塑造　通过建筑的材质、色彩、布局等手段，创造出安静、幽雅的环境，增强游客的舒适感，降低外界干扰，提升园林的亲和力。

（3）调节空间感　园林建筑不仅能调整空间的比例与节奏，令游客感受到空间的开阔与局部的私密感，也能通过建筑与绿化的结合创造更自然的氛围。

2. 丰富景观元素

（1）视觉焦点　园林建筑作为景观中的焦点，可为周围的自然景色提供对比或补充，增强整体视觉吸引力。

（2）多样化景观效果　通过建筑的造型、功能及色彩等多种方式，使园林景观呈现出层次感和多样化的视觉效果，提升观赏体验。

（3）艺术与景观的结合　园林建筑往往具有艺术性，可以与周围的自然景观相互衬托，增强景观的艺术表现力，赋予景区更多文化气息。

3. 提升文化内涵

（1）地域文化体现　园林建筑通过设计和装饰传递着当地的文化特色，如使用当地的传统建筑风格、装饰元素，增强游客对地方文化的认知和感知。

（2）历史背景呈现　历史建筑风格的园林建筑可以反映某一历史时期的社会风貌，可通过展示历史元素，提升园林的文化价值和历史感。

（3）象征性和纪念性　一些园林建筑如纪念亭、雕塑等，能够承载历史记忆，传递特定的文化信息和象征意义。

4. 防险避灾作用

（1）躲避灾难功能　现代园林建筑有些被设计为灾难发生时的避难所，能容纳大量游客进行避难，提供必要的生存保障。

（2）救援设施　部分园林建筑包含救援设备，如紧急照明、广播系统等，便于在灾难发生时进行人员疏散和救援。

（3）灾后恢复支持　园林建筑设计时考虑了灾后恢复和应急需求，为救灾人员和受灾游客提供帮助和支持。

5. 提供休息空间

（1）舒适休息区　园林建筑如亭子、长椅、茶室等提供了游客休憩的空间，让游客可以在游览中得到适时的休息，缓解疲劳。

（2）微气候空间 园林建筑与植物结合，提供了阴凉区域，让游客在炎热天气下获得庇护。

（3）社交互动空间 园林建筑为游客提供了一个社交平台，游客可以在建筑内与朋友交流、放松身心，增进园林的社交功能。

6. 引导游览路线

（1）路线规划 通常将园林建筑设计为标志性节点，指引游客按照特定的路线进行游览，防止游客迷路，提升游览效率。

（2）空间引导作用 建筑的布局和造型通过自然的引导方式，带领游客走向重要景点，避免了无序的游客流动。

（3）增强游览体验 良好的路线设计不仅提升了游客的游览体验，还通过景点之间的衔接引发游客的兴趣，提升游览过程中的趣味性和连贯性。

7. 美化植物配置

（1）建筑与植物的互动 园林建筑与植物的搭配往往能够形成美丽的视觉效果，如建筑周围的花坛、绿篱等形成的自然景观。

（2）提供保护性环境 某些建筑为植物提供适宜的生长环境，如防风、防日晒等作用，保护植物的生长，使植物更加繁茂。

（3）增强景观美感 建筑本身通过造型、色彩等与植物的搭配，提升植物的观赏价值，创造出更加和谐的景观效果。

8. 提供照明和安全保障

（1）夜间照明 园林建筑通常配备灯光设施，为夜间游览提供充足的照明，确保游客的安全，避免意外发生。

（2）安全设施 现代园林建筑配备监控、紧急报警系统等设施，保障游客在园林中的安全，防止不法行为的发生。

（3）环境安全设计 建筑的结构和材料常常需考虑防滑、防火等安全措施，减少园林中的安全隐患。

9. 增强空间感

（1）空间层次感 通过不同形式的园林建筑，如拱门、桥梁等，能够引导游客进入不同的空间，增强空间的层次感和丰富性。

（2）空间开阔与局部包围 园林建筑设计能够有效分隔空间，既能营造宽阔的视觉效果，又能创造私密、安静的空间区域。

（3）创造视觉冲击 建筑的造型和布置有时通过对比与变化，在视觉上会给游客带来冲击感，使空间体验更加丰富多样。

三、园林建筑主要类型

1. 园林建筑的主要分类依据

（1）按照使用功能划分 按照使用功能，园林建筑可以分为游憩性建筑、园林建筑小品、服务性建筑、文化娱乐设施以及办公管理用设施等。游憩性建筑如亭、廊、榭等，主要为游客提供休息和观赏的空间；园林建筑小品如园灯、园椅等，主要用于园林环境的装饰；

服务性建筑如小卖部、茶室等，主要为游客提供生活服务；文化娱乐设施如俱乐部、演出厅等，主要用于开展各种娱乐活动；办公管理用设施如公园大门、办公室等，主要用于园林管理工作。

（2）按照建筑与地形的关系划分　按照建筑与地形的关系，园林建筑可以分为依附地形体的建筑和独立地形体的建筑。依附地形体的建筑根据地形的高低起伏变化进行布局，而独立地形体的建筑则不依赖于地形，可以独立存在。

（3）按照建筑在园林中的位置划分　按照建筑在园林中的位置，园林建筑可以分为庭园建筑、风景游览建筑、交通建筑以及附属建筑等。庭园建筑包括亭、廊、花架等，通常位于庭园或花园中；风景游览建筑包括塔、楼、阁等，通常作为园林的标志性建筑；交通建筑包括桥、堤等，主要用于连接园林中的各个景点；附属建筑包括厕所、仓库等，主要用于满足园林管理的需要。

2. 园林中典型的园林建筑及其特点

（1）亭　亭在园林中是重要的游憩性建筑，具有多种功能，可以作为游客休息、观景的场所。亭的造型各异，有方亭、圆亭、六角亭等多种形式，有的亭子还有顶，可以遮阳避雨。亭在园林中既可以独处一隅，也可以与其他建筑或景点相连，形成景色亮点（图3-6）。

（2）阁　阁是一种小楼，形状与楼相似，但四面开窗，比楼更为轻巧多变。阁的建筑大都是重檐二层，也有仅一层的，它的平面多为方形，或为正多边形，屋顶多作歇山式，或用攒尖顶，常建于假山或高台上，也有架于水上的，所以又有山阁、水阁之别。阁在园林中要使人登之能凭栏观赏四周的绝胜云锦，所以它常被安置在显要的地方（图3-7）。

图3-6　亭　　　　　　　　　　　　　　　　　　图3-7　阁

（3）榭　榭是一种建在池塘或溪流边的建筑，通常为两层或三层，造型轻盈通透，可以供游客欣赏水景。榭的底层通常设有平台，可以临水而建，上面有顶，可以遮阳避雨。在榭中，游客可以欣赏到清澈的水面和游弋的鱼儿，感受到清凉舒适的环境氛围（图3-8）。

（4）舫　舫是一种仿船形的建筑，通常建造在湖面或池塘边，可以供游客休息、观赏水景和游玩。舫的造型别致，通常为木结构或仿古砖石结构，内部设有座椅、茶几等设施，可以让游客舒适地享受游玩的乐趣。在舫中，游客可以欣赏到湖面或池塘的美景，感受到水天一色的自然风光（图3-9）。

图3-8　榭　　　　　　　　　　　　　　　　　图3-9　舫

（5）斋　斋通常用于表达主人的内心世界和品行追求。在园林中，斋常常被设为静心思考和修身养性的场所。通过环境的布置和氛围的营造，斋能够为人们提供一个远离尘嚣、涵养心性的环境。在斋中，人们可以读书、写字、作画或冥想，追求内心的平静与升华（图3-10）。

（6）堂　堂作为园林中的建筑物，具有独特的设计和装饰风格。堂的外观常常采用传统的木结构，有着精巧的檐口、斗拱和彩绘，展现了中国古代建筑的独特魅力。在园林中，堂常常作为主要建筑物，坐落在园林的中心位置，与周围的景观相互呼应，形成一幅和谐美丽的画面。堂作为园林的功能空间，具有多种用途。在园林中，堂是经常被用作接待客人、举办宴会或举办文化活动的场所。堂内的布局精心设计，通常分为前堂、中堂和后堂，每个堂都有特定的功能。前堂通常用于接待客人，中堂用于举办宴会或文化活动，后堂则是主人居住的地方。这种布局使得堂成为园林中的重要交流空间，也反映了中国古代人们对待客人和交际的重视。堂还常常被用来表达主人的品位和文化修养。在园林中，堂的装饰风格常常体现了主人的个性和审美追求。堂内的家具、摆设和书画都是主人品位和文化修养的体现。同时，堂的建造和装饰也需要考虑宜居性（图3-11）。

图3-10　斋　　　　　　　　　　　　　　　　图3-11　堂

（7）廊　廊是连接各个景点的建筑，可以引导游客的游览路线。廊通常为长条形，可以蜿蜒伸展，将各个景点串联起来，增加园林的空间感和层次感。廊的造型也有多种形式，有的廊两边有栏杆，有的廊下面设有长凳，可以供游客休息（图3-12）。

（8）轩　轩这种建筑形式像古时候的车，取其空敞而又居高之意。轩在园林中为有窗的长廊或小屋，多为高而敞的建筑，但体量不大，起到点缀性的作用。它的规模不及厅堂之类，位置也不同于厅堂那样讲究中轴线对称布局，比较随意。轩在园林中多是观景的单体建筑，大多置于假山之上或临水之处（图3-13）。

图 3-12　廊　　　　　　　　　　　　　　　　　　　　　图 3-13　轩

练习习题

1. 园林建筑的主要功能是什么？简要说明其中三个功能。
2. 如何通过园林建筑来提升文化内涵？简要分析其表现方式。
3. 园林建筑如何在设计中起到防险避灾的作用？请简要说明。
4. 园林建筑类型的分类依据有哪些？请简要阐述。
5. 举例说明园林中典型的园林建筑，并简要描述其特点。

第三节　园林水体

思想导航

（1）生态与可持续发展　园林水体通过其生态功能，促进了水体净化和生物多样性。通过学习，提升学生对生态文明的重视，强调水资源保护和可持续发展理念。

（2）景观美学与文化传承　园林水体的造景功能不仅可美化环境，还传递着中国传统园林的文化和审美，激发学生对园林艺术和文化自信的认同。

（3）创新设计与多样性　通过了解园林水体的不同形态激发学生创新思维，培养他们在设计中结合自然形态与功能需求的能力，强调设计的多样性和灵活性。

一、园林水体概述

园林水体在园林中扮演着重要的角色，其可以调节空气湿度、溶解有害气体、净化空气，同时还具有蓄存园林内部水体资源、增加绿化面积和美化园林景色等作用。园林水体的设计可以分为集中形式和分散形式两种，集中形式以整个水面为中心，周围环列各种建筑和山地，形成一种向心、内聚的格局；分散形式则是将水面分割成若干小块，形成各自独立的空间，中间可以设置小桥、小岛供游人玩耍。我国古典园林中的水体形态有静态和动态之分，着重取"自然"之意，塑造出湖、池、溪、瀑、泉等多种形式的水体，而现代园林的水体景观设计则更多地使用了例如喷泉、水幕以及池塘等形式。作为园林的重要组成部分，园林水体通过合理设计和布局，能够创造出独特而美丽的景观效果，让人们获得愉悦的体验。

二、园林水体主要功能

1. 生态功能

（1）调节气候和湿度　水体能够有效调节局部气候和湿度。在炎热的夏季，水体表面的蒸发作用有助于降低周围空气的温度，营造凉爽的环境。水面通过蒸发释放水蒸气，提高空气湿度，尤其是在干燥的气候条件下，有助于缓解空气干燥，改善园林中的微气候。

（2）净化水质和改善水体生态　水体能够自然净化水质，尤其是通过水生植物和微生物的协同作用，吸收水中的营养物质（如氮、磷等）。这种生物滤水作用有助于减少水体中的污染物，防止水体富营养化，保持水质清洁。水中的各种水生植物（包括浮动植物）也为水域生态系统提供了栖息地，支持丰富的生物多样性。

（3）增强生物多样性　水体是多种水生植物和动物的栖息地，为不同物种提供了繁衍生息的空间。例如，水鸟、昆虫、两栖动物（如青蛙）、水生植物等，都是依赖水体生存的生物。水体丰富了园林的生态系统，促进了物种间的互助与共生，增强了园林的生物多样性。

（4）调节水文循环　水体在园林中起到了水文调节的作用。通过合理的水体布局和蓄水设计，可以有效收集和储存雨水，避免园区内的洪水积水问题，同时有助于地下水的补给。这种水文调节不仅改善了园区的排水系统，还促进了水资源的可持续管理，降低了对外部水源的依赖。

2. 造景功能

（1）营造视觉焦点与层次感　水体可以作为园林中的视觉焦点，吸引游客的目光。例如，池塘、湖泊或水瀑布的设计，其通过流动的水面和反射效果，增添了景观的层次感和动感，提升了园林的美学效果。水体与周围景观的对比，能够让植物、建筑、雕塑等元素更为突出，创造出和谐的景观效果。

（2）增强景观的动态效果　水体具有流动性，无论是缓慢流淌的小溪，还是急速奔腾的瀑布，水的流动都为静态园林景观注入了动态元素。这种动态感不仅提升了园林的活力，还能营造出不同的声音效果（如潺潺流水声），使游客在视觉与听觉上都能享受独特的景观体验。

（3）反射与镜像效果　水体的表面具有反射功能，可以呈现周围景物的镜像，增强园林景观的视觉表现力。通过巧妙设计，水面能反射建筑、植物和天空的景色，创造出如诗如画的景观效果，增加空间的深度感和美感，赋予景观一种宁静、清新的氛围。

3. 空间营造功能

（1）分隔空间和创建私密感　水体可以作为园林中不同区域的自然界限，有效地分隔开放区域和私密区域。例如，通过水池、溪流或水景的布局，将园林空间划分为多个功能区，既能创造流动的景观效果，又能在视觉上营造出私密、宁静的休憩空间。这种空间分隔能够让游客在游览中获得层次感和多样化的体验。

（2）增强空间的流动性和延伸感　水体的流动性使得园林空间具有延展感，给人一种视觉上的深远感。小溪、瀑布等水体通过曲折的线条引导游客的视线，创造出空间的延伸和流动感，使得园林景观不显局促、单一。水体的路径设计可以引导游客穿行其中，逐步发现不同的景点和空间，提升整体的游览体验。

（3）创造开阔与包围的空间对比　水体的设计可以营造出空间的开阔感或包围感。在开放的水面前，游客可以感受到无边无际的宽广空间，而在水体的环绕下，又能感受到被自然环境包围的私密氛围。例如，湖泊或池塘的宽阔水面营造出开阔感，而围绕水体的植物、建筑、座椅等设计则能形成包围感，给游客带来不同的空间体验。

4. 生产生活功能

（1）水源供应与灌溉功能　园林中的水体常用于灌溉植物，特别是在干旱季节，能够为植物提供持续的水源，保障绿化植物的生长。同时，园林中的水体可以通过蓄水系统调节园区内的水资源，确保植物和绿地的正常灌溉，促进园林生态的可持续发展。

（2）提供水产养殖和生态农业功能　部分园林中的水体被用作水产养殖，如池塘养鱼、虾类等，既能增加园林的生态多样性，又能为园区提供一定的经济价值。同时，水体可以成为生态农业的一部分，供给水生植物的种植，或作为湿地农业项目的水源，增强园区的生产性功能。

5. 交通运输功能

（1）水上交通通道　在大型园林或景区内，园林水体可作为水上交通的通道。这样的水上交通系统不仅为游客提供了便捷的出行方式，还能使其从不同角度欣赏园林景观。

（2）园林内物资运输　在一些大型园林或传统园林的管理中，水体可以承担轻型物资的运输功能。利用水路，可以通过小舟或船只等运输工具以及园林管理所需的物品或植物，尤其是在较大的园林中，水路运输相较于陆路运输可能更加便捷，可减少道路拥堵情况或运输困难。

三、园林水体主要形态

1. 规则式水体

规则式水体是指在园林设计中，水体呈现出对称、直线或几何形状的布局，通常具有明确的边界和结构性设计。常见的形式包括矩形池塘、圆形喷泉、直线河道等。其主要特征是造型规整、几何对称，给人一种秩序感和整洁感。规则式水体常用于古典园林或具人文背景的园区，强调形式美和文化内涵，具有较强的视觉冲击力和艺术感（图3-14）。

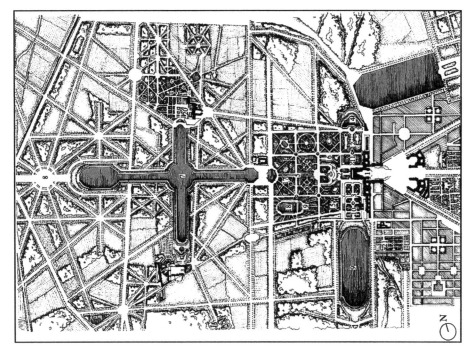

图 3-14　凡尔赛宫的规则式水体

2. 自由式水体

自由式水体是指在园林设计中，水体的形状和布局自然流畅，没有明确的几何形状或对称结构，表现出更强的自然感和灵动性。它模仿自然界的水域，如湖泊、溪流、池塘等，水体的边缘不规则、曲折，常见的设计包括弯曲的溪流、曲折的池塘等。自由式水体强调与自然环境的和谐融合，能够营造出宁静、悠闲的氛围，常用于现代或自然风格的园林设计中。

3. 混合式水体

混合式水体是将规则式和自由式水体设计相结合的园林水体布局。它在整体结构上可能遵循一定的几何形状或对称性，但在局部细节上采用了自然曲线和不规则的水流形式。通过这种方式，设计既保留了规则式水体的秩序感，又融入了自由式水体的自然和灵动，使水体呈现出更丰富的层次感和变化。混合式水体能够创造既有艺术性又符合自然美感的景观，常用于大型园林或景区设计中，兼顾美观与实用性。

练习习题

?

1. 简要说明园林水体的主要功能，并举例说明其中的一个功能。
2. 园林水体的生态功能有哪些？请简要分析其对环境的影响。
3. 规则式水体与自由式水体的主要区别是什么？请简要描述它们各自的特点。
4. 园林水体在空间营造中起到什么作用？请简要阐述。
5. 如何通过园林水体的设计体现文化内涵？请简要说明其重要性。

第四节　园林植物

 思想导航

（1）生态环保意识　园林植物的建造功能帮助改善环境、净化空气和水源，倡导可持续发展的理念，增强学生的环保责任感。

（2）美学与文化传承　园林植物的美学功能通过艺术性配置，传递传统文化的精髓，激发学生对园林艺术的热爱与文化自信。

（3）人与自然和谐共生　园林植物的配置强调生态平衡，倡导人与自然和谐相处，培养学生尊重自然、保护环境的责任意识。

（4）文化融合与地域特色　园林植物的选择和配置体现了地域文化和历史背景，帮助学生了解园林设计中的文化和历史意义，增强学生对本土文化的认同感。

一、园林植物概述

园林植物是指在园艺和景观设计中用于美化和装饰的植物。这些植物通常被选择和栽培以增强园林景观的美感和功能性。园林植物包括树木、灌木、草本植物、花卉和地被植物等。在园林规划设计中，园林植物的选择通常需考虑它们的生长习性、株型、花色、叶色、花期、果实、香气等特点，以及它们对环境的适应性和抗逆性。园林植物的搭配和组合可以创造出丰富多彩的景观效果，如可营造出季节性变化、提供遮阴环境、吸引蜜蜂和蝴蝶等。园林植物在城市绿化、公园、庭园、景观建设等领域发挥着重要作用，不仅美化了环境，还提供了休闲娱乐的场所，改善了空气质量，促进了生态平衡。因此，对园林植物的选择、栽培和管理具有重要意义。

二、园林植物主要功能

1. 建造功能

（1）构造室外空间　大型乔木可以通过其高大的树冠和浓密的树荫独立构造园林空间，提供遮阴和凉爽的环境。不同种类的树木可以营造出不同的氛围，灌木可以用来界定空间、划分区域，形成绿篱或绿墙，提供私密性和屏障效果；花卉可以通过其鲜艳的花色和多样的花形独立构造园林空间，营造出丰富的视觉效果；地被植物可以通过其低矮的生长习性和密集的覆盖独立构造园林空间，覆盖土壤，抑制杂草生长，形成绿色地毯，增强园林的整体绿化效果。植物可以用于空间中的任何一个平面，在地平面上，通过不同高度和种类的地被植物或矮灌木来暗示空间的边界；在垂直面上，植物能以不同的方式影响空间感，例如通过树干的大小、疏密和种植形式来创造不同的封闭程度，树干越多，空间围合感越强。

（2）控制视线　植物的高度是一个关键因素，如果植物的高度高于人，那么它们就可以有效地阻挡人们的视线，保护私密空间，如高大的乔木和密集的灌木丛都可以用来创造视线屏障。植物的枝叶密度也能影响视线控制，如果植物的枝叶茂盛，那么它们就能更好地阻挡视线；相反，如果植物的枝叶稀疏，那么视线就更容易穿透。植物的种植布局也是一个重要的考虑因素，通过合理的布局，可以引导人们的视线，创造出不同的空间感受，如将植物种植成一行行或一簇簇的形式，可以形成视线通道或视线焦点，从而控制人们的视线方向。不同的植物种类也具有不同的视线控制效果，例如绿篱和攀缘植物等可以用来覆盖围墙或栅栏，从而增加私密性并控制视线。

（3）保护私密空间　利用高于人的植物材料，如乔木、灌木和绿篱等，可以有效地阻挡人们的视线，保护私密空间。园林植物可以创造隐蔽空间，通过合理的植物配置和空间设计，营造出一些相对隐蔽的小空间，如丛林中的小径、花丛中的座椅等。这些隐蔽空间可以为人们提供一个相对私密的休息和放松的场所，使人们能够远离喧嚣和纷扰。园林植物还具有一定的隔音效果。植物的叶片和枝干能够吸收和反射声波，从而减少噪声的传播。在需要减少噪声干扰的私密空间中，可以通过种植一些具有隔音效果的植物来提高私密性。

2. 美学功能

（1）色彩和纹理　植物的色彩主要来源于它们的叶子、花朵和果实。这些色彩不仅能吸引人们的注意力，还能引发人们的情感反应。通过巧妙地运用色彩对比和搭配，园林规划设计师可以营造出不同的氛围和风格，从而满足人们的审美需求。纹理则是指植物表面的结构和质感。不同的植物具有不同的纹理特征，如叶子的形状、大小和排列方式等。这些纹理特征不仅增加了植物的多样性，还为园林景观带来了更加细腻的感受。通过合理地搭配不同纹理的植物，可以营造出更加丰富和立体的视觉效果。

（2）形状和结构　植物的形状和结构包括树冠的形状、枝干的曲线、叶子的排列等。不同的植物具有各种形状，如圆形、尖形、扇形、锥形等。这些形状对园林的美感产生直接影响，可以创造出不同的风格和氛围。植物的枝干和树干的曲线和纹理也是美学的重要元素。扭曲的枝干可以给园林增添一种古老而神秘的氛围，而平直和流线型的枝干则可以营造出现代感。植物的叶子和花朵也具有丰富的形态和结构。有些植物的叶子呈现出复杂的裂片状、刺状或羽状，这些形状为园林增添了纹理和层次感。而花朵的形状和结构，如花瓣的排列、花蕊的形态等，同样可以为园林带来丰富的美感。园林植物的内部结构，如树木的年轮、细小的分枝、花朵的花蕊等，同样可以成为美学上的亮点。这些内部结构可以被用来创造艺术性的景观，例如，年轮的纹理可以用于制作木质的艺术品，花蕊的形态可以用来设计独特的花坛等。

（3）秩序和对称　园林植物的秩序美学体现在对植物的布局和组合上。合理的植物布局可以营造出整齐的空间感，使人感受到一种井然有序的美感。例如，在园林中通过植物的排列组合形成整齐的花坛、花境、绿篱等，展现出一种整体的秩序美。对称美是指园林植物在空间布局上呈现出左右对称或者轴对称的形式，通过对称的植物布局，可以使园林景观更加平衡和谐，给人一种稳定、整洁的美感。例如，在园林中设置对称的植物造型或者种植对称的树木，可以营造出对称美的空间效果。

（4）动态和变化　园林植物的动态美感体现在植物的生长过程中。从发芽、展叶、开花到结果，植物经历了不同的生长阶段，每个阶段都有其独特的美感。设计师能通过巧妙运用植物的这些生长变化，营造出充满生机和活力的园林景观。园林植物随着季节的变化也会呈现出不同的色彩和形态。春天的嫩绿、夏天的浓绿、秋天的彩叶和冬天的枝干，每个季节都有独特的植物景观。这种季节性的变化不仅丰富了园林景观的色彩和层次，也让人们能够感受到自然的韵律和生命的力量。一些特殊的植物种类，如落叶植物、变色植物等，也会随着光照、温度等环境因素的变化而呈现出不同的形态和色彩。这些变化为园林景观带来了更多的不确定性和惊喜，增加了人们探索的兴趣。

（5）尺度和比例 "尺度"主要涉及园林中景物与人之间的关系，尤其是景物的大小、高低、宽窄等特征与人的常规尺度之间的相对关系。这种关系会直接影响人在园林空间中的舒适感和体验感。例如，大型乔木的高大可以为人们提供遮阴场所，而低矮的地被植物则可以形成视觉上的延伸感。"比例"则更侧重于园林中各要素之间的相对关系，包括植物与植物之间、植物与园林小品之间、植物与整体空间之间的比例关系。一个良好的比例关系能够带来和谐、均衡的视觉效果。例如，在配置植物时，不同种类、形态、色彩的植物按照一定的比例进行搭配，可以形成丰富多样的植物群落，营造出自然、生态的园林环境。在实际应用中，"尺度"和"比例"的运用需要综合考虑园林的风格、功能、环境等因素。例如，在私家园林中，为了营造亲切、宜人的氛围，设计师通常会选择尺度适中、比例和谐的植物进行配置；而在城市广场等开放空间中，为了强调空间的开阔感和气势，可能会选择尺度较大、比例夸张的植物进行景观营造。

三、园林植物配置的主要类型

1. 群体配置

群体配置方式是将同种或不同种的植物种植成团状、块状或片状的形式，以形成较大面积的植物群落。群体配置具有较强的视觉冲击力，通常用于大面积的绿化、草地、花坛等，能形成统一的视觉效果，突出植物的整体性和层次感。

2. 孤植配置

孤植配置是指在园林中单独种植某一种植物，通常用于突出该植物的独特性或装饰性。孤植配置适用于植物有较强观赏价值的情况，如孤立种植一棵大树或美丽的灌木，形成焦点或视觉中心，吸引游客的注意力。

3. 行列配置

行列配置是指将植物按照直线或弯曲的线形排列，通常用于路径两旁、道路两侧或景观框架的布置。这种配置方式能够创造秩序感和对称美，常见于园路、景观带或庭园通道的设计中。

4. 带状配置

带状配置指将植物排列成带状，可以形成植物的缓冲带或装饰带，常用于围绕某一空间或建筑物、景区边界的种植。带状配置能够创造线性美，强调园林空间的延展性，常见的有绿篱带、花坛带等。

5. 层次配置

层次配置是根据植物的高度、形态和生长习性，将其分层种植，从而形成多层次的植物景观。这种配置方式可以使园林景观更富变化和深度，常见的有前低、中高、后高的层次布置，适用于大面积的园林绿化设计。

6. 散植配置

散植配置是指将植物随机地、较为分散地种植，使其自然、随意地分布在园林中。这种配置方式通常用于模仿自然景观，创建更自然、松散的效果，适用于自然式园林、野趣花园等。

7. 垂直配置

垂直配置是通过攀爬植物、藤本植物或绿墙来实现植物的立体种植。这种配置方式可以有效利用垂直空间，创造出不同层次的绿化效果，常用于小空间的绿化或立体景观的设计中。

练习习题

?

1. 园林植物如何独立构造园林空间？
2. 园林植物如何辅助建筑，实现空间围合？
3. 园林植物如何连接建筑空间？
4. 园林植物如何辅助建筑进行空间营造？
5. 如何利用植物的色彩营造出不同的氛围和风格？

生态保护下的植物景观设计

第四章 现代园林景观设计主要思想理念

第一节 人本化景观设计思想

 思想导航

（1）以人为本的设计理念与社会责任感　通过设计改善公共空间，提高社会生活质量，培养学生的社会责任感和服务意识。

（2）尊重多样性与人文关怀　学生在学习过程中应增强包容性设计的意识，关注设计中的公平性，体现人文关怀，为构建和谐社会贡献力量。

一、人本化景观设计概述

1. 人本化景观设计的含义

人本化景观设计是一种以人类需求为核心导向的景观设计理念，其目标是通过科学的设计方法，满足人类在生理、心理、社会和文化等多方面的基本需求，同时创造舒适、安全、美观且具有功能性的景观空间。

（1）以人为核心　人本化景观设计的核心是以人的需求为出发点，创造功能性、舒适性和安全性兼具的景观空间。

（2）关注使用者的多元需求　人本化景观设计强调包容性，满足不同人群的多样化需求，包括儿童、老年人、残障人士等。

（3）提升心理和情感体验　人本化景观设计注重通过空间布局和氛围营造，提升使用者的心理和情感体验。

（4）促进人与自然的互动　人本化景观设计鼓励人与自然的亲密接触，通过设置植被区、草坪、步行道等，引导人们参与户外活动。例如，设计一条蜿蜒的小径通过树木和草地，邀请人们在其中漫步、运动和社交。

（5）功能与美学的融合　人本化景观设计强调功能与美学的有机结合，使景观既具备实用性，又具有视觉美感。

（6）关注社会和文化因素　人本化景观设计融入地方文化和社会价值，增强人们对社区的文化认同感和归属感。

（7）提升社会互动　人本化景观设计通过对公共空间和社交场所的设计，促进社区成员之间的互动与交流。

2. 人本化景观设计的核心理念

人本化景观设计的核心理念是将"人"作为设计的中心，强调设计与人的需求、行为和情感的深度关联，同时注重生态、社会和文化的综合价值。通过科学的设计方法，创造一个既满足人类需求又具有可持续性的景观环境。

（1）以人为本的设计导向 以人为本的设计导向是人本化景观设计的核心，强调从人的生理、心理和社会需求出发，科学规划空间布局和功能分区。设计师需深入研究使用者的行为模式和情感偏好，确保景观设计既符合实际需求，又能激发使用者积极的情感体验。

（2）生态与人文的融合 生态与人文的融合是人本化景观设计的重要特征，强调在满足人类需求的同时，保护和修复自然环境。通过生态友好的设计手法，如植被配置、雨水管理等，实现人与自然的和谐共处，同时提升景观的生态效益。

（3）社会互动与归属感的营造 人本化景观设计注重通过公共空间的设计促进社会互动，增强社区成员之间的联系和归属感。例如，通过设置广场、长椅群和社区花园等设施，可激发人们的社交需求，提升社区凝聚力和居民幸福感。

（4）文化认同与地方特色的表达 人本化景观设计强调将地方文化和社区特色融入设计中，通过引入传统元素和文化符号，增强人们对景观的文化认同感和归属感。这种设计不仅能美化环境，还能传承地方文化，创造具有独特魅力的景观空间。

（5）安全与健康的保障 安全与健康的保障是人本化景观设计的基本要求。设计师需确保空间布局合理、设施安全可靠，并通过优化环境条件提升使用者的健康水平，为所有使用者提供一个安全、舒适、健康的空间环境。

（6）可持续性与未来发展的考量 人本化景观设计注重长远发展，强调设计的可持续性。通过采用生态友好的材料和技术，减少对环境的负面影响，同时确保景观空间的长期使用价值和生态平衡。

二、人本化景观设计的主要理论

人本化景观设计的理论基础建立在多个学科的交叉领域，包括环境心理学、行为科学、社会学和生态学等。

（1）环境心理学理论 环境心理学关注人类与环境之间的相互作用，研究人类如何感知、体验并回应其所处的物理环境。该理论强调，景观设计应通过感官体验和心理感受，满足人类的心理需求。设计师需关注空间的舒适性、安全性、开放性等影响心理感受的因素。这一理论为人本化设计提供了科学依据，使设计不仅关注外在美感，还重视使用者的心理感受。

（2）行为模式理论 行为模式理论研究人类在不同环境中的行为习惯，帮助设计师更好地理解人们如何使用空间。该理论指出，不同的空间形态和功能配置会影响人类的行为方式。人本化景观设计基于这一理论，通过合理的空间划分、路径设计和设施配置，创造便捷、舒适的空间，支持人们的各种活动需求。这一理论帮助设计师了解人们的行为习惯，使空间设计更具实用性，提升人们在空间中的体验和满意度。

（3）人体工程学理论 人体工程学理论研究如何设计符合人体结构和生理需求的产品和空间，以确保其使用的安全性、舒适性和效率。应用于人本化景观设计时，该理论指导设计师关注景观中的设施是否符合人体工学要求。此外，步行道的坡度设计、无障碍通道的设置等也是该理论在景观设计中的体现。

（4）社会互动理论　社会互动理论强调人与人之间的互动和社交活动对人类生活质量的重要性。人本化景观设计基于这一理论，强调公共空间的社交功能，鼓励人们在开放的景观环境中互动交流。这一理论指出，良好的景观设计应当为不同人群提供适合社交的场所，减少社会隔离感，促进邻里关系的形成。

（5）情境主义理论　情境主义理论认为，环境的特定场景和氛围会影响人们的感受和行为。人本化景观设计基于这一理论，通过精心营造的环境氛围，提升使用者的情感体验。设计师可以通过调整光影、色彩、材料等元素来塑造特定的空间情境，营造温馨、宁静或活力的氛围，从而影响人们在景观中的行为和心理状态。情境主义理论为设计师提供了创造情感氛围的思路，使景观空间变得更具情感感染力。

（6）文化景观理论　文化景观理论认为，景观不仅是自然和人工元素的组合，也是社会、历史和文化的体现。人本化景观设计应当注重景观中的文化符号和地方特色，增强景观与当地文化之间的联系，体现社区的文化身份和价值观。通过文化景观理论的应用，人本化设计能够加强人们对场所的归属感和认同感，创造出具有文化意义和情感联系的景观空间。

（7）恢复性环境理论　恢复性环境理论提出，自然环境能够帮助人们恢复精神和身体的能量，缓解压力，提高心理健康水平。人本化景观设计通过引入自然元素，如水体、植被、自然光和开放空间，创造出具备恢复功能的景观，能帮助人们放松身心，恢复心理平衡。这一理论强调，通过与自然的接触，景观能够有效减少人们在现代城市生活中的压力，并为人们提供一个恢复身心的场所。

三、人本化景观设计的主要思想

1. 满足人的基本需求

人本化景观设计首先要满足人的基本需求，如生理需求、心理需求和精神需求。

（1）生理需求　生理需求是人的基本需求之一，包括对休息、运动、娱乐等方面的需求。在人本化景观设计中，应充分考虑不同年龄段人群的活动特点和需求，提供相应的设施和服务。此外，景观设计还应考虑气候、环境等因素，提供适宜的遮阴、照明、通风等设施，以满足人们在不同环境下的生理需求。

（2）心理需求　心理需求也是人本化景观设计中需要考虑的重要因素。人们对于安全、私密、交往等方面的需求都需要在景观设计中得到满足。

（3）精神需求　人们对于美、文化、认同和情感等方面的需求都需要在景观设计中得到满足。

2. 尊重生态环境

人本化景观设计需要尊重生态环境，保护自然资源，减少对环境的负面影响。设计师需要遵循生态学原理，采用相应设计方法和技术，促进生态系统的健康和可持续发展。

（1）遵循生态学原理　人本化景观设计应遵循生态学原理，注重保护和恢复生态系统。这意味着在景观设计过程中，要充分了解和评估当地的生态系统结构和功能，尽量减少对生态系统的干扰和破坏。同时，通过生态恢复和修复措施，努力恢复受损的生态系统，提高其生态服务功能。

（2）合理利用资源　人本化景观设计应合理利用自然资源，注重资源的可持续性。这包括节约用水、保护土地资源、减少能源消耗等方面。通过采用节能技术和可再生资源，减少对自然资源的过度开采和浪费。此外，景观设计还应考虑雨水的收集和利用、自然通风和采光等生态设计手段，以减轻对环境的负担。

（3）注重生态美学　人本化景观设计应注重生态美学，将生态元素和设计元素融合在一起。通过巧妙运用植物、水体、山石等自然元素，结合艺术性和科学性，营造出具有生态美感的景观。这样的景观不仅具有观赏价值，还能促进人们的身心健康，增强人们对自然的认识和尊重。

3. 强调文脉和场所精神

人本化景观设计需要强调文脉和场所精神，尊重历史和文化，体现地域特色和人文关怀。

（1）尊重文化传统　人本化景观设计应尊重当地的文化传统和历史背景。通过深入了解当地的文化特色、民俗习惯和历史演变，景观设计可以融入相应的文化元素，打造具有地域特色的景观。这不仅有助于传承和弘扬当地文化，还能增强人们对景观的认同感和归属感。

（2）注重场所精神营造　人本化景观设计应注重场所精神的营造。场所精神是指一个场所特有的、由其物理属性和非物理属性共同形成的氛围和意义。在景观设计中，应充分挖掘和利用场所的历史、文化和地理特色，营造出具有独特氛围和意义的景观。

（3）重视本土材料与工艺　人本化景观设计还可以通过引入当地材料、植物和工艺等手段，来体现地域特色和人文关怀。这些元素不仅能够增加景观的地方特色和文化底蕴，还能够为当地居民提供就业机会和增强文化自信。

（4）融合周围环境　强调文脉和场所精神还需要注重景观与周围环境的协调与融合。景观设计应与周围的环境相呼应，共同形成和谐的整体。基于此景观不仅能够更好地融入当地的文化脉络中，还能够为人们提供一个更加完整和连贯的文化体验。

4. 追求创新和个性

人本化景观设计追求创新和个性，避免千篇一律和刻板的形式。设计师需要发挥创造力，挖掘地方特色和文化内涵，创造具有独特魅力的景观环境。

（1）打破思维定势和惯性思维　景观设计师应具备开放的心态和创新精神，勇于尝试新的设计理念和方法。通过深入研究人们的喜好和需求，以及探索新的技术和材料，为景观设计带来新的可能性。

（2）关注个性化和差异化的需求　随着社会的发展和人们需求的多样化，景观设计应满足不同人群的个性化需求。通过深入了解目标人群的特点，景观设计师可以提供定制化的设计方案，创造独特的景观空间和体验。

（3）关注可持续发展和环保理念　在景观设计中，应采用环保、可持续的材料和技术，降低对环境的负面影响。通过创新的设计手法和绿色技术的运用，可以打造具有生态价值的景观，为可持续发展作出贡献。

（4）注重文化多样性和包容性　在景观设计中，应尊重不同文化背景和审美观念的差异，提供多元的设计元素和表达方式。通过与不同文化的交流和融合，景观设计师可以创造出具有包容性和多样性的景观环境。

5. 功能性与舒适性

功能性与舒适性是人本化景观设计的核心原则，旨在通过合理的设计满足使用者的基本需求，并创造出舒适的环境，使人们能够在景观中获得良好的体验。这既强调设计的实用性，又兼顾舒适度，以提升景观的整体质量和使用者的满意度。

（1）多样化需求的满足　功能性要求景观设计能够有效支持各种使用需求，为不同群体提供适合的活动空间。景观设计要考虑多种活动的需求，创建适合休闲、娱乐、健身、社交等功能的场所。功能性要求景观设计中的各类设施和空间布局合理，保证不同功能区之间的有序分布。基础设施的配置应根据景观空间的功能要求和人流量来设置，以确保使用便捷。

（2）用户使用体验的提升　舒适性要求设计的景观环境能够让使用者在心理和生理上感到愉悦、放松。设计中应避免生硬的元素堆积，应通过自然过渡、流畅的路径设计和多样化的景观元素，使人们在视觉上感到放松。景观中的设施，如座椅、桌子、遮阳棚等，应根据人体工学设计，确保使用者在使用时感到舒适。舒适性还要求景观设计能对自然环境进行良好的调节，如通过树木遮阴、绿地降温、增加通风等，改善小气候环境，使景观空间适合长期停留。

（3）无障碍设计与可达性　功能性与舒适性还体现在对不同群体需求的关注上，特别是无障碍设计和景观的可达性，确保所有人群都能平等、舒适地使用景观设施。如为老年人、残障人士等设置无障碍通道和坡道，提供方便轮椅、婴儿车通行的路径等。无障碍设施应与普通设施有机结合，确保景观整体的一致性。步道应合理设置，确保人们能够方便、安全地在景观中移动，减少不必要的绕行，并为特殊人群提供便捷的通行方式。

（4）细节设计　功能性与舒适性的体现也在于设计中的细节处理。景观中的每一个细节设计都应考虑使用者的实际体验。座椅、垃圾桶等设施的布置应考虑不同活动区和人流密集区，确保使用者在需要时能够方便使用。座椅应位于视线开阔、环境安静、风景优美的地方，给人以舒适感。步道材质应选择防滑、耐磨的铺装材料，保证行走安全。步道的宽度应足够，便于人们行走或散步，同时要注意绿化与步道的搭配，避免影响通行。

6. 空间的参与性与互动性

空间的参与性与互动性是人本化景观设计的核心思想，旨在通过设计让人们主动参与景观空间的活动、互动和体验，从而增强人与环境、人与人之间的联系。

（1）互动设施的设计　空间的互动性体现在景观中的互动设施上，设计师通过设计让人们参与其中，与环境产生互动。这些设施既可以是功能性的，也可以是娱乐性的，常见的包括互动水景、可攀爬的雕塑与装置等。喷泉、水池等设计不仅能提供视觉美感，还能让人们参与其中。

（2）公共活动空间的设计　为了促进社区交流与社会互动，景观设计应提供适合各种群体的公共活动空间。这些空间通过设计激发人们的参与感，使其成为社交和活动的场所。广场与露天剧场为社区集会、文化活动、节日庆典等提供开放的场所，这些场地不仅能承载大型活动，还能通过日常使用鼓励人们在空间中互动，形成社会交流的场所。而在健身与游乐空间可通过设置健身器材、运动场地、儿童游乐区等，鼓励人们在景观中进行身体活动。参与性的空间让居民不仅可以在此休闲，还能通过互动式活动增进人与人之间的联系。

（3）可变空间与灵活性设计　空间的参与性还表现在空间的灵活性上。设计师可以通过可变空间的规划，提供适应不同活动需求的空间，这种设计增强了景观的互动性和使用的多样性。设计的空旷广场可以用作日常散步和休息的场所，同时在节庆或活动期间也可用于集会、市场、展览等用途。空间的灵活性让人们可以根据不同的需求自由使用和参与。可移动的座椅、桌子等家具，让人们可以根据自己的需求调整和配置空间。这种设计增强了使用者对空间的控制感，使他们能够更积极地参与到空间的使用中。

练习习题

　　1. 人本化景观设计强调满足人的基本需求。在实际设计中，如何平衡功能性与舒适性，确保不同用户的需求都能得到合理满足？

　　2. 尊重多样性是人本化景观设计的核心思想之一。在设计过程中，如何通过多样化的景观元素来满足不同群体的需求，并创造包容性的公共空间？

　　3. 人本化景观设计中，心理与情感关怀至关重要。如何通过设计手法创造出能够调节心理情绪和增强情感共鸣的空间？

　　4. 生态与健康导向的设计理念要求设计不仅要关注人的舒适性，也要关注环境的可持续性。在园林设计中，如何实现人与自然的和谐共生，提升居住环境的健康性？

　　5. 在设计中，如何通过无障碍设计与可达性提升所有人的使用体验，特别是对老年人、儿童和残障人士的关怀？

第二节　生态优先景观设计思想

思想导航

（1）传播生态文明理念　课程可以通过生态优先设计案例，帮助学生深刻认识生态环境保护的迫切性，强化其绿色环保意识，树立可持续发展观念，推动学生主动践行生态保护。

（2）增强学生的社会责任感　通过结合实际案例，讲解生态保护与景观设计的相互影响，帮助学生意识到未来的设计工作要对环境和社会负责。

（3）弘扬传统生态智慧　课程可以结合传统文化的生态智慧，引导学生汲取古代设计的生态理念，从而激发其对传统文化的认同与自豪，为当代生态设计提供新思路。

一、生态优先景观设计概述

1. 生态优先景观设计的含义

生态优先景观设计是一种以生态保护和可持续发展为核心理念的景观设计方法。它强调在景观设计过程中，优先考虑生态系统的完整性和健康，减少人为对自然环境的干扰和破坏，通过生态修复与自然调节的方式，确保设计的长期生态效益。

（1）生态保护优先　在设计中，首要任务是保护自然生态系统的结构和功能，避免过度开发、破坏原有的生态平衡。

（2）可持续发展　确保景观设计能够长期维持其生态功能，减少资源消耗和污染，通过可持续的手段支持生态系统的自然更新和循环。

（3）最小化人为干预　设计过程中应尽量保留场地的自然条件，减少大规模改造和人工干预，使自然环境保持自我修复的能力。

（4）多功能景观　生态优先景观不仅仅是美学和人类功能的设计，其更注重生态效益，如空气净化、水质调节、生物栖息地保护等，兼具生态、社会和经济价值。

2. 生态优先景观设计的核心理念

生态优先景观设计的核心理念是尊重自然规律，保护生态环境，注重生态系统的长期健康与可持续发展。这些理念强调在设计过程中应优先考虑生态效益，减少对自然资源的消耗和破坏，同时注重生物多样性的保护和生态功能的恢复，最终实现人与自然的和谐共生。

（1）尊重场地的自然条件　生态优先景观设计强调在设计过程中充分尊重场地的原始自然条件，如地形、水文、植被和土壤等。设计师首先应对场地进行全面的生态评估，了解其自然特征和生态功能，并在此基础上进行设计决策。这意味着在设计时应尽量保持现有的地貌，不进行大规模的平整或改造，避免破坏自然地形的稳定性和自然排水系统。通过对场地现有自然条件的保护和利用，可以减少对外部资源的依赖，降低项目实施和后期维护的成本。

（2）减少对自然环境的改造与破坏　在生态优先景观设计中，减少对自然环境的改造与破坏是一个重要的原则。传统的景观设计往往通过大规模的土方工程和硬质铺装来实现设计效果，然而这些行为会破坏原有的生态平衡，导致水土流失、植被破坏和生物栖息地的丧失。生态优先景观设计则鼓励通过"轻触式"的设计策略，最大限度地减少对原有生态系统的干扰。

（3）优化自然资源的使用　优化自然资源的使用是生态优先景观设计的重要理念。通过合理利用场地的自然资源，如雨水、太阳能和风能，景观设计能够有效减少能源的消耗和对外部资源的依赖。在植被选择上，优先使用本土植物，因为本土植物更适应当地的气候条件，能够减少水资源的使用和维护成本，同时有助于提升场地的生态功能，如吸引本地野生动植物。

（4）减少能源消耗和污染排放　减少能源消耗和污染排放是实现生态优先景观设计的重要途径。通过选择可再生资源、减少硬质材料的使用，以及优化场地中的生态功能，设计可以显著减少项目的碳足迹。此外，通过设计植被、土壤和水体的协调作用，可以自然净化空气和水，减少化学药品和人工资源的使用，减少污染物的排放。

（5）提高生态系统的自我调节能力　生态优先景观设计的目标之一是提升和维护生态系统的自我调节能力。通过合理的设计，生态系统能够在最小的外部干预下自我调节、修复和循环。

（6）融合美学与生态功能　生态优先景观设计不仅要追求生态系统的健康和功能性，还要兼顾景观的美学价值。通过设计手法，生态功能和美学效果可以有效结合。通过这种方式，生态优先景观设计实现了功能与美感的融合，不仅提升了环境的生态效益，也为人们创造了具有吸引力的生活空间。

二、生态优先景观设计的主要理论

生态优先景观设计的核心建立在多个理论的基础之上，这些理论为设计实践提供了框架和指导原则，确保在满足人类需求的同时，实现生态系统的可持续性。

（1）景观生态学理论　景观生态学理论强调研究景观中不同生态单元之间的相互作用及其空间格局。该理论认为，景观不仅是自然要素和人类活动的组合体，还包括生态过程的相互作用。景观生态学理论能帮助设计师认识到生态系统中不同区域之间的联系，理解其功能。通过应用这一理论，生态优先景观设计鼓励设计师尊重并保留自然系统中的生态连接。

（2）可持续发展理论　可持续发展理论主张人类在发展和利用自然资源时，应满足当代需求而不损害后代满足其需求的能力。该理论为生态优先景观设计提供了重要的设计方向。这一理论倡导设计方案应具备长远的生态效益，而非短期的美学或经济效益。

（3）生态足迹理论　生态足迹理论关注人类活动对自然环境的资源消耗及其对生态系统承载力的影响。设计中的生态足迹越小，对环境的负面影响就越少。在生态优先景观设计中，这一理论指导设计师考虑如何减少景观设计的能源和资源消耗，通过选择环保的建筑材料、减少对自然环境的改造、优化设计中的自然元素，最大程度地降低设计对生态系统的影响，从而实现生态足迹最小化。

（4）低影响开发理论　低影响开发（LID）理论是一种促进雨水管理和土地利用的策略，旨在通过模仿自然水文过程，减少开发对生态环境的负面影响。这一理论强调在设计中通过减少硬质铺装、引入雨水花园、设置植被滞留区等手段，让雨水自然下渗，避免城市化导致的地表径流增加和水污染问题。LID理论与生态优先景观设计密切相关，其通过运用自然的力量来应对城市扩展和开发给环境带来的挑战，增强生态系统的恢复能力。

（5）循环经济理论　循环经济理论主张资源的循环使用和最小化废物产生，通过对废物的再利用和资源的循环利用，设计出对环境更友好的系统。应用这一理论，生态优先景观设计强调在设计中采用可回收材料和本土植物，鼓励使用再生资源，减少对原始资源的过度开采。

（6）生态系统服务理论　生态系统服务理论强调生态系统为人类社会提供的多种服务，包括支持、调节、文化和供给服务。在生态优先景观设计中，设计师通过应用这一理论，创造能够提供生态系统服务的景观。设计师应当通过景观设计为自然生态系统赋能，使其能够持续为社会和自然环境提供服务。

（7）恢复生态学理论　恢复生态学关注如何通过人为干预，恢复被破坏的生态系统功能与生物多样性。生态优先景观设计常应用这一理论，在设计中不仅要保护现存的生态系统，还要通过修复措施改善退化的环境。

（8）生物多样性保护理论　生物多样性保护理论强调保护生物多样性对于生态系统稳定性、适应性和功能的关键作用。在生态优先景观设计中，设计师应优先考虑设计对生物栖息地的保护，确保设计能够为不同的物种提供适宜的生存环境。通过保留原有植被、增加生态廊道以及保护本地物种，可以提高生物多样性，增强生态系统的复原能力。

三、生态优先景观设计的主要思想

生态优先景观设计的核心思想是通过优先考虑生态环境的保护和修复，实现人与自然和谐共生。其设计理念不仅关注空间的美学与功能性，还强调在设计、建设和维护过程中减少对自然环境的干扰，增强生态系统的健康与可持续性。

1. 保护和恢复生态系统

生态优先景观设计首先关注对自然生态系统的保护，避免破坏原生态环境。同时，在设计中考虑通过恢复生态功能来弥补已经破坏的生态系统，增加生态系统的生物多样性，促进生态过程的可持续发展。

（1）避免对原生态环境的破坏　在景观设计中，避免过度开发或改变原有的自然地貌与植被，尤其是湿地、原始森林、草原等生态敏感区。通过合理规划保护这些地区，确保其生态功能不受破坏。另外，还可以设定生态保护区，设立禁建区域或限制开发区域。这些区域主要用于保护原生态环境，减少人类活动对自然生态的干扰。

（2）恢复已破坏的生态功能　采取适当的生态恢复措施，对那些由于城市化、工业化等活动而破坏的生态系统进行恢复。可以通过种植本地植物来恢复受损的生态环境，改善土壤质量和水循环，通过湿地恢复提升水质净化和洪水调节能力，也可以采用生态工程技术进行生态修复，如建设人工湿地、重建水土保持设施、恢复河流自然流态等。这些措施有助于恢复生态功能，如水源涵养、生物栖息地建设等。图 4-1 的河岸边界带保留了原有的沙洲小岛，不仅丰富了河岸景观形式，还使滨水空间的生态效能大大提升。

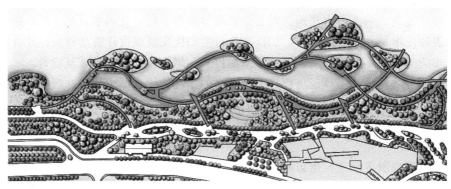

图 4-1　自然的滨水景观带

（3）促进生态过程的可持续发展　生态设计要考虑水土流失问题，通过建设植被带、绿化水域岸边、设置雨水渗透设施等，保护水土资源，保持生态平衡。通过自然更新过程和生物多样性的调节作用，使生态系统在遭遇外部冲击时具备一定的自我恢复和稳定能力。设计中还应包括生态系统内资源的循环利用机制，通过雨水收集和再利用、废弃物的堆肥处理等，形成良性的生态循环。

（4）增加生态系统的生物多样性　优先选择适应当地气候和土壤条件的本地植物进行绿化，避免引入外来物种，有助于维持生物多样性。植物的选择要涵盖不同层次，为不同的生物提供栖息环境。通过规划绿带、湿地、林带等生物廊道连接各个自然栖息地，促进物种的迁徙和交流。这些廊道不仅有助于野生动物的栖息和活动，还能增强生态系统的连通性和稳定性。也需要针对某些濒危物种的栖息地进行恢复与保护，以提高生物多样性水平。

（5）减少人为干扰　通过设计交通系统、步道和游览路线，避免人类活动对生态环境的过度干扰。同时，设置适当的隔离带或屏障来限制人类与生态敏感区域的接触。还需要通过建立生态保护教育设施和宣传栏，增强公众对生态保护的意识，鼓励大家参与到生态保护活动中，提升社会对生态恢复重要性的认知。

（6）创建适应气候变化的生态系统　随着气候变化，生态系统可能会面临新的压力。生态优先景观设计需要考虑未来可能的变化，进行适应性规划和设计。可以选择耐旱植物，增加水体的蓄水能力，以应对干旱等极端气候事件。通过设计能够应对气候变化和环境压力，增强生态系统的弹性。

2. 增强生物多样性

设计过程中强调选择本地植物和动物物种，恢复和保护自然栖息地，避免引入外来物种带来的生态威胁。通过创造多样化的生态环境，如湿地、草地、森林等，提升景观的生态价值和稳定性。

（1）选择本地植物和动物物种　本地植物适应当地的气候、土壤条件和生态环境，能够更好地生长、繁殖并维持生态平衡。选用本地的草本、灌木和乔木，可以为昆虫、鸟类等提供栖息环境，并帮助维持土壤结构和水分循环。设计时也要考虑植物之间的生态关系，例如某些植物的根系能够与土壤中的微生物共生，从而提升土壤肥力和水分保持能力。同时，选择能吸引本地传粉者的植物，增加生态系统的连通性和生物互动性。除了植物，本地动物的栖息地也需要得到重视。设计应结合本地物种的栖息需求，通过设置水体、筑巢点等，为鸟类、昆虫和其他本地动物提供合适的栖息环境。

（2）恢复和保护自然栖息地　如果某些区域有重要的生态功能或栖息地，则应优先保护这些区域，避免开发和破坏。通过景观设计规划合理的缓冲区、保护区等，使自然栖息地免受人为干扰。对于已经被破坏的栖息地，应通过恢复工作使其恢复生态功能。对于湿地，可以恢复水生植物生长、改良水质，以恢复水体蓄水能力。在原生态栖息地不足的情况下，可以设计人工栖息地，如鸟类巢箱、蝙蝠屋、昆虫栖息地等，帮助本地物种增加繁殖和栖息空间。

（3）避免引入外来物种　外来物种可能会与本地物种竞争、传播病害或成为入侵物种，威胁到本地生态系统的稳定。在景观设计中要避免引入可能具有破坏性的外来植物和动物物种。设计时应尽量选用本地物种，并对外来物种的引入进行严格控制。对于已引入的外来物种，需定期进行监测，避免其扩散影响本地生态。如果发现外来物种已经成为入侵物种，应采取措施控制其扩散，必要时进行移除。

（4）创造多样化的生态环境　设计时应创建多样化的生态环境，为物种提供不同类型的栖息空间，如湿地、草地、森林、沼泽、沙地等。不同生态类型的组合能够吸引不同的动植物物种，提升生态系统的多样性和稳定性。湿地是水鸟、两栖动物及水生植物的重要栖息地，同时能够改善水质、调节气候。森林和林地为多种鸟类、哺乳动物和昆虫提供栖息地。通过多层次的植物设计可为不同种类的生物提供丰富的食物源和更多遮蔽处。草地和草原可以为草食性动物提供食物，同时吸引昆虫、鸟类等物种。设计时可以通过种植多样的本地草本植物来恢复草地生态系统。除了创建多种类型的栖息地，还需要设计生态廊道，连接不同的栖息地，增强生态系统的连通性。生态廊道可以帮助物种迁徙和繁殖，减少物种孤立的风险，增加生态多样性。

3. 增强生态廊道与栖息地连通性

生态廊道与栖息地连通性是指通过构建自然连接网络，促进生物物种的自由迁徙和基因交流，进而增强生态系统的整体健康与稳定性。这一设计原则为通过保护、恢复和创建栖息地间的连通性，减少人为开发对生态系统的割裂，帮助维护生物多样性，并应对环境变化的挑战。

（1）构建生态廊道　生态廊道是由自然植被、河流、湿地等连通被割裂的栖息地而形成的一条生态通道，使得动植物可以跨越不同区域进行迁徙、觅食和繁殖。廊道的设计可以结合现有的绿地、河流或城市中相对较少干预的区域，形成自然的生物通道，减少栖息地破碎化的负面影响。在城市环境中，生态廊道可以通过绿化带、道路旁的绿植、公共公园等空间进行连接。这种设计不仅有助于生物的迁徙，也提高了城市中的绿化覆盖率，使城市生态功能增强，改善居民的生活环境。科学的生态廊道构建，可以加强动植物栖息地的连接，提升区域生境网络的连接度。

（2）确保栖息地连通性　生态优先设计应尽量减少或避免将自然栖息地割裂成孤立的斑块，因为这会影响生物种群的基因流动，增加它们的灭绝风险。通过恢复或创建生态廊道，景观能够在不同栖息地之间建立连通性，让动物能够迁徙到新的栖息地，植物的种子通过风或动物扩散到更远的地方，从而维持健康的生态系统。栖息地连通性不仅体现在地面生态通道中，还包含立体多层次的设计，包括空中的鸟类飞行走廊、地面的小型动物通道以及地下的隧道或排水渠，可以为不同类型的物种提供迁徙路线，确保栖息地的多层次连通性。不同的破碎化生境斑块连接方式不同，如图 4-2 所示。

图 4-2　破碎化的生境斑块构建连接通道示意图

（3）体现生态廊道的多功能性　生态廊道不仅服务于野生动植物的迁徙，还可以与人类的日常生活结合。这样的设计可以提升生态廊道的利用率，增强人与自然的互动，同时减轻对生态环境的破坏。生态廊道不仅连接栖息地，还可以通过设计在雨水管理、空气净化和碳吸收中发挥作用。植被密集的生态廊道能够有效吸收雨水、减少地表径流，同时能通过植物的光合作用吸收二氧化碳，帮助减轻气候变化带来的影响。

（4）促进野生动物通道畅通与基因流动　在城市化或开发地区，生态廊道可以通过野生动物通道的设计，为动物提供安全的迁徙路径。通过生态廊道，动植物能够跨越被割裂的栖息地，实现基因的交流与扩散。这种基因流动有助于物种繁衍，增强种群的适应性，降低近亲繁殖的风险，促进生态系统的稳定与长期存续。

（5）恢复与保护现有廊道　在规划和设计时，优先保护现有的自然生态廊道，避免大规模开发活动对这些区域的破坏。现有的河流、湿地、森林带等天然廊道对生态系统至关重要，应通过严格的管控和规划将其纳入景观设计，确保廊道的功能持续发挥。对于已经受损或被破坏的廊道，生态优先设计应注重其恢复与修复。

4. 加强可持续水资源管理

在设计中应关注水资源的合理利用，采取雨水收集、渗透式排水、湿地恢复等措施，实现水资源的循环利用，减少城市水土流失和污染，提升景观的生态功能。

（1）收集与利用雨水　设计雨水收集系统，通过屋顶、路面和绿地等收集降水，并储存到雨水收集池或地下储水池中。这些储存的雨水可以用于灌溉景观、冲洗街道、厕所冲水，减少对自来水的依赖。设置雨水花园、生态池塘或雨水池等设施，利用自然地形和植物过滤雨水中的污染物，同时储存和再利用水源。雨水花园通常由适应湿润环境的本地植物构成，可以通过植物的根系过滤水质，并保持水量的平衡。通过安装绿色屋顶或透水铺装材料，使得建筑表面能够吸收和缓慢渗透雨水，减少地面径流量。这种设计不仅有助于水资源管理，也有助于缓解城市热岛效应和改善空气质量。

（2）构建渗透式排水系统　在道路、广场和人行道的设计中使用透水性铺装，这些材料能够让雨水渗透到地下，补充地下水源，并减少暴雨后的积水和地面径流。在景观设计中设置宽阔的绿带和生态通道，这些区域内使用透水性土壤和本地植物，使得雨水能够直接渗透并进入地下水系统。同时，这些植物通过根系吸收雨水，也有助于减缓暴雨期间的水流速度。构建生物滞留池也是一种有效办法。生物滞留池是一种通过植物、土壤和石材等多层次结构来收集和净化雨水的设施。在雨水流入池塘时，水流可通过植物和土壤的过滤作用，去除其中的污染物，达到净化水质的目的。

（3）恢复与构建湿地　湿地是重要的生态净化系统，能够过滤水中的污染物，吸收多余的营养物质，并调节水文循环。在生态优先的景观设计中，恢复和保护自然湿地能够提升水质，维持水资源的自然平衡，同时为生物提供栖息地。对于没有自然湿地的地区，可以建设人工湿地，利用植物、沉积物和微生物的过滤作用净化水质。人工湿地可以是表面水体、地下水体或缓流湿地，不仅能进行水质净化，还能为湿地鸟类和水生物提供栖息空间。在人工湿地中，应选择适应湿润环境的本地植物，这些植物不仅可以吸水，还能过滤污染物、提高水体透明度、减少水土流失。

（4）减少城市水土流失与污染　通过增加植物覆盖、植被带、生态绿道等手段，减少暴雨期间的土壤侵蚀和径流。植被能够有效地减缓雨水流速，防止泥沙进入水体，从而减少水土流失。在城市规划和景观设计中，设置专门的雨水滞留区或排水管网过滤系统，能够有效阻止污染物进入雨水系统。这些区域可以作为暂时的水储存池，待水质得到净化后再排放或循环利用。设计生态景观时还要考虑废水的处理与再利用问题。可以设立生态处理系统，例如湿地处理系统、植物过滤系统或生物滤池等，处理污水并将其净化后用于景观灌溉，减少景观对水资源的需求。

（5）加强水体景观的可持续管理　对于人工水体，应避免过度人工化，可通过生态设计恢复水体的自然状态，通过引入水生植物、修复水生生态系统、改善水质等，增强水体的自净功能。对于水循环系统设计，应尽量减少外部水源的需求，利用回收水、雨水或污水处理后的再生水进行景观灌溉和水体补充。这种设计可以大大减少对自然水资源的消耗，并可有效管理城市水资源。

（6）提升景观的生态功能　通过优化水资源管理，设计能有效应对极端天气的生态景观。利用渗透性地面减少暴雨期间的洪涝问题，或者通过水体的调节作用提升区域的微气候环境。设计水景时，除了美观和功能性，还要考虑水景的生态功能，如通过水生植物、湿地景观等净化水质、提升景观的生态服务功能，使水资源的利用可持续化。

5. 进行低碳与可持续设计

生态优先景观设计追求低碳环保，减少对自然资源的依赖。设计时优先考虑使用环保材料、可再生资源和低碳技术，减少能源消耗和碳排放，推动生态可持续发展。

（1）使用透水材料与绿色建筑材料　在景观设计中使用透水性铺装材料，可以有效减少雨水径流，促进雨水渗透和地下水补给。这不仅有助于减少城市洪涝问题，还能提升水资源的利用效率。这些透水材料的使用减少了对硬化铺装的依赖，缓解了城市热岛效应，也改善了环境质量。在景观设计中的建筑元素应优先选用绿色建筑材料，如再生木材、低碳水泥、环保涂料等。这些材料不仅环保，还可以减少建筑过程中产生的碳排放，同时提高景观的可持续性。

（2）应用节能型设备　景观设计中可使用 LED 灯具、太阳能路灯、光感应照明等节能照明设备。这些设备消耗的电能较少，并且可在不需要照明的时间段自动关闭，从而有效减少能源消耗和碳排放。对于景观中的灌溉系统，应优先选用节水型设备，并配合智能化灌溉控制系统，根据天气变化和土壤湿度自动调整灌溉量，减少水资源浪费。此外，使用高效水泵和能效优化的设施，可以减少电力消耗，提高整体系统的节能效果。

（3）利用可再生能源　在景观设计中，应考虑采用太阳能和风能等可再生能源，减少对传统能源的依赖。这些可再生能源不仅有助于降低碳排放，还能使景观设施自给自足、独立运行。对于景观中的建筑设施，如公共卫生间、休闲区等，采用太阳能热水系统进行水加热。这种方式不仅降低了常规能源消耗，也符合节能环保的原则。

（4）减少建筑能耗与碳排放　通过建筑外墙的绿化，可以有效隔热保温，减少空调和采暖的能耗。在夏季，植物覆盖可降低外墙温度，减少冷却需求；在冬季，植物层有助于隔绝寒冷空气，降低采暖能耗。景观中的建筑部分使用高效的保温材料，能够大幅减少冬季取暖和夏季制冷的能耗，减少碳排放。设计时还要充分利用自然风和自然采光，减少人工通风和照明的需求。

（5）使用与回收可再生资源　景观设计中应注重材料的可回收性，选择那些易于回收的建筑材料和景观构筑物材料。设计时可考虑回收废弃物并重新利用，以降低对原材料的需求并减少废弃物对环境造成的压力。在一些大型景观设计中，还可以考虑使用生物质能系统，如利用植物残余物或有机废弃物来进行生物质发电或供热。这种方式不仅能利用废弃物，还能减少对化石能源的消耗。

（6）绿色交通与步行空间　在景观设计中，应优先建设步行道和自行车道，提供低碳的交通选择，减少机动车的使用。这不仅有助于减少温室气体排放，还能提升社区的空气质量，增进居民健康。应考虑电动汽车的普及，可以在景观设计中配备电动汽车充电桩，支持低碳交通工具的使用，进一步减少对传统能源的依赖。

（7）优化绿化与植被设计　在景观设计中优先选择本地植物，因为本地植物适应性强，生长过程中的水、肥、管理需求较低，从而可以减少资源消耗。同时，本地植物能够为本地物种提供栖息空间，提高生态多样性。另外，通过恢复或创建绿地，增加植被覆盖，能够帮助城市调节气候、净化空气、改善水质，促进碳吸收。绿化空间不仅能美化环境，还能通过碳汇作用减少温室气体的排放。

（8）生态循环与闭环系统　设计中可以采用生态循环模式，在景观中建立雨水收集系统、废水回用系统、垃圾分类与处理系统等，通过将废弃物或水资源转化为可再利用资源，减少对外部资源的依赖。通过优化景观中的资源流动，减少资源浪费，提高材料和能源的使用效率，加强设施和建筑的生命周期管理，实现资源的最大化利用。

6. 增强景观系统的适应性与韧性

生态优先景观设计注重适应气候变化及其他外部环境压力，增强景观系统的韧性和自我调节能力。设计时需考虑气候变化带来的不确定性，灵活规划，使景观能够应对极端气候和环境变化，确保生态系统的长期健康。

（1）应对极端气候　为应对暴雨和强降雨事件，景观设计可以加入渗水铺装、雨水花园、湿地等设施，帮助雨水渗透和存储，减少地面径流，避免城市洪涝。通过提升绿地对水的吸收能力，减少不透水表面，能够有效缓解暴雨带来的压力。为了应对干旱和水资源紧张，设计中应优先选择耐旱植物和本地植物，以减少灌溉需求。灌溉系统可以通过滴灌或智能化系统控制，确保水资源的高效利用。此外，可以通过雨水收集、地下水储存等方式，为干旱期提供备用水源，提升景观的水资源适应性。

（2）应对城市热岛效应　城市热岛效应是气候变化的一大挑战，设计时可以通过增加城市绿地、植被和绿色屋顶来缓解城市热岛效应。通过绿化和遮阴，减少地表温度，提升空气湿度，为城市居民提供更舒适的生活环境。另外，还可以采用具有高反射率的地面材料，有效反射太阳辐射，减少热量吸收，降低城市温度。这种设计能够帮助城市应对高温天气，并改善气候舒适度。

（3）应对环境压力与灾害　景观具备一定的抗灾能力，如防风、防洪和抗旱能力。通过增强景观的多样性、生态连接性和系统的自我调节能力，可以帮助景观抵御来自自然灾害的冲击。在遭受灾害后，景观系统需要具备较强的自我恢复能力。设计时应考虑灾后恢复的策略，如通过选择适应性强的植物和快速修复自然生态过程，帮助景观迅速恢复正常状态。

7. 构建绿色基础设施

（1）打造城市绿地与公园　城市绿地能够提供休闲娱乐、健身、社交等多种功能，改善空气质量，缓解城市热岛效应，减少噪声污染。它们是城市的"绿肺"，有助于增进居民的健康和提升生活质量。设计时应优先选择本地植物，并保护原生植被和栖息地。这不仅有助于恢复和增强生态系统的稳定性，还能提供动植物栖息、繁殖和迁徙的场所，从而提高生物多样性。湿地能够有效调节水位，净化水质，减少洪水风险。湿地植物和水生物种能够帮助维持自然水循环，减少污染，并能作为自然的生态净化系统。

（2）打造绿道与生态廊道　生态廊道是连接不同生态区域的绿色通道，能帮助生物迁徙和基因流动，这不仅有助于保护生物多样性，还能改善景观的连通性和生态韧性，促进生态过程的连续性。绿道不仅能为步行、骑行等提供交通便利，还能加强城市生态网络，改善空气质量，减少噪声污染。此外，绿道为居民提供了休闲和文化交流的场所，提升了城市的宜居性。

（3）打造绿色屋顶与墙体绿化　绿色屋顶既能有效隔热、降低建筑能耗，也能够增加城市绿地面积，改善空气质量，缓解热岛效应。它还具备雨水收集和储存功能，帮助减少城市排水压力。墙体绿化为城市提供了更多的绿化空间，尤其是在土地有限的城市环境中。垂直绿化能够增加城市的绿地覆盖率，并起到降温、吸收污染物和提供生态栖息地的作用。

8. 保持自然景观与人类需求平衡

保持自然景观与人类需求平衡是设计的核心原则之一，其目标是通过在设计中融合自然元素和生态系统功能，满足人类的生活、休闲和文化需求，同时尽量减少对自然环境的破坏，保持自然生态系统的健康和可持续性。

（1）实现自然资源可持续利用　在生态优先设计中，自然资源应被视为可持续发展的基础，通过合理管理实现资源的循环利用。同时，天然材料如石材、木材的使用可以与景观设计和建筑融合，实现自然与人工结构的有机统一。设计应利用自然资源的能效特性，例如通过植被调节小气候、减少建筑的能耗需求。

（2）增强人与自然的互动体验　生态优先景观设计应鼓励人与自然互动，为人们创造更多接触自然的机会。这种互动体验不仅能提高人们对自然环境的认识，还能提高他们的环保意识和责任感。自然景观不仅是视觉和功能的享受，也应成为生态教育和文化体验的场所。在设计中可以通过标识系统、解说牌或互动装置向公众展示当地的生态价值和文化遗产，帮助人们理解自然与文化的深层联系。

（3）满足人类的功能需求　在生态优先设计中，景观不仅要满足生态功能，还要服务于人类的生活需求，包括为居民提供舒适的休憩、娱乐和社交场所。自然景观在增进人类健康和幸福感方面发挥着重要作用，如在景观中设置冥想花园、自然步道和开放绿地等。研究表明，接触自然有助于减轻压力、改善负面情绪和增进身心健康，因此设计应最大程度地融合自然景观与人类健康需求。

练习习题

1. 在生态优先的景观设计中，如何通过生物多样性保护与栖息地修复，既满足人类需求又尊重自然环境？请简要论述这一平衡的设计思路。

2. 水资源管理在生态优先景观设计中扮演着重要角色。请探讨如何通过雨水收集与利用、节水技术等措施，实现生态与水资源的和谐共生。

3. 在设计过程中，如何应用低影响开发（LID）理念来减少人类活动对自然环境的负面影响，并促进生态的恢复与持续发展？

4. 生态系统服务理论为生态优先设计提供了理论支撑。在设计时，如何结合这一理论提升景观的生态效益并优化环境适应性？

5. 生态优先设计强调与自然的和谐共生。请分析如何在景观设计中通过材料的可持续选择与节能技术，减少对环境的影响并促进绿色发展。

第三节　传承与创新融合性文化景观设计思想

思想导航

（1）弘扬民族文化自信　通过文化景观设计的传承与创新，帮助学生认识传统文化的深厚底蕴与当代价值，进而提升他们的民族文化自豪感与认同感。

（2）提升文化创新意识　引导学生在传承和弘扬传统文化的基础上，激发创新性思维，结合现代设计理念，推动文化与科技的融合发展。

（3）增强学生的文化包容与开放意识　通过分析中外文化景观案例，培养学生对不同文化的尊重与理解，开拓他们的全球化视野，提升他们的文化交流能力。

一、文化景观设计概述

1. 文化景观设计的定义

文化景观设计是指利用自然景观和人文元素，通过规划、设计、塑造等方式，将文化内涵、历史传统、民俗风情等文化元素融入景观中，创造出一个具有文化体验和感知的景观环境。文化景观设计强调的是人类文化与自然景观的有机结合，它不仅仅是景观设计，更是一种文化传承和弘扬的方式。

文化景观设计的概念可以从以下几个方面理解：

（1）文化内涵　文化景观设计强调的是文化内涵的体现，通过对当地文化的深入挖掘和理解，将文化元素融入景观中，使景观具有深刻的文化内涵和较高的艺术价值。

（2）人文元素　文化景观设计中的人文元素包括建筑、雕塑、壁画、园艺等，这些元素通过规划、设计和布置，能够创造出具有人文特色的景观。

（3）自然景观　文化景观设计强调的是与自然景观的有机结合，通过保护和利用自然资源，将人类文化与自然景观融为一体，创造出具有自然美感的景观。

（4）历史传统　文化景观设计注重历史传统的传承，通过对历史事件、人物、建筑等的保护和利用，将历史传统融入景观中，使景观具有历史价值和文化意义。

（5）民俗风情　文化景观设计还要考虑当地的民俗风情，将民俗文化元素融入景观中，使景观具有地方特色和民俗风情。

2. 传承与创新融合性文化景观设计核心理念

传承与创新融合性文化景观设计的核心理念是指通过尊重与保留传统文化精髓，同时融合现代设计手法与科技创新，创造出既具历史文化深度，又充满现代活力的景观空间。这一设计理念强调文化的延续性与发展性，并通过巧妙的设计实现历史与现代、传统与创新的和谐共存，使文化景观不仅是历史记忆的载体，也是未来创新的舞台。

（1）历史传承与文化延续　传承与创新的融合首先需要尊重历史文化，保留地方特有的文化符号、历史遗迹和传统工艺。在景观设计中，历史文化遗产、古建筑、文化符号等是文化景观的重要组成部分。这些元素不仅承载着历史记忆，还具有文化传承的象征性。通过对这些历史元素的保留与修复，能够保持文化的延续性，并为后代传递文化价值。设计不仅要保留历史建筑和符号，还应通过设计手法延续文化脉络。例如，通过历史故事的空间叙述、传统工艺的再现等手法，将文化脉络自然融入景观中，使人们在现代空间中能够感受到深厚的历史文化氛围。这样的设计能够通过巧妙的路径设计、雕塑或装置艺术，逐步展现历史的层次感，增强文化景观的历史厚度。

（2）创新设计与现代文化的表达　创新设计是融合性文化景观的核心之一。通过现代设计手法，如简洁的几何造型、创新的材质应用、数字技术等，能够赋予传统文化新的表现形式。这种设计能够让传统文化与现代社会的生活方式相融合，实现传统的现代化转化。现代科技为文化景观设计提供了更多的创意可能性。通过虚拟现实（VR）、增强现实（AR）或互动数字装置的应用，能够为景观增加互动性和现代感。

（3）多层次的文化体验　文化景观的设计应注重为使用者提供多层次的文化体验。通过文化景观设计，访客不仅可以观赏传统文化元素，还能够参与互动，这种沉浸式的体验既增强了文化的传播效果，也让访客能够亲身参与到文化传承中。文化景观设计应同时具备动态与静态的元素。静态元素如历史建筑、纪念碑、雕塑等具有永久性的文化传承功能，而动态元素如临时展览、文化活动、互动装置等能够为景观注入活力。这种动态与静态的结合，不仅使文化景观具有历史的厚重感，还能够通过不断更新的文化活动和展览吸引现代人群，增强其与文化的互动。

（4）文化与生态的结合　传承与创新的文化景观设计不仅要注重文化的延续，还应与生态保护相结合。同时，在设计文化景观时，可以通过生态设计保护当地的自然资源，如通过雨水收集系统、绿色屋顶等技术手段，兼顾文化传承与生态可持续发展。自然与文化的结合是文化景观设计的重要原则之一，设计可以通过引用自然中的文化象征，如水为中国文化中的智慧象征，或通过绿化区域表现文化中的宁静与和谐，深化景观的文化深度和生态价值。

（5）空间叙事与文化符号的运用　空间叙事设计是文化景观传递文化内涵的重要方式，通过有意规划的路径和空间布局，逐步展示和讲述文化故事。设计者可以将不同的文化符号、历史事件或地方特色通过空间序列的叙事手法展开，使参观者在游览过程中逐渐体验到文化的深度和脉络。设计通过多个节点将文化线索串联起来，形成逐步递进的文化体验。文化符号是空间叙事中的关键要素，设计者可以提取具有地方特色的文化符号，并通过现代设计手法进行表达。文化符号不仅是视觉元素，也构成了文化故事的核心，增强了空间的文化认同感。

（6）文化体验与社会互动的融合　通过数字化技术、互动艺术装置或参与式空间设计的应用，参观者能够与景观发生互动，体验文化的多层次表达。这种体验式设计不仅激发了使用者的好奇心，还让文化符号更加生动、易于理解。文化景观设计不仅是文化的展示平台，也是促进社会互动的纽带。设计可以通过设立象征性的文化标志或互动装置，激发人们的社交参与，提升文化体验，形成社会共鸣。通过这种设计方式，文化景观不仅成了物理空间的展现，更成了人们重新审视和讨论历史文化的公共场所。

二、文化景观设计的主要理论

文化景观设计中的传承与创新相融合强调在设计中既要保持对历史文化的尊重和延续，又要通过现代设计手法和技术创新赋予传统文化新的生命力和时代感。这种融合的理念涉及多个相关理论，这些理论共同指导文化景观设计在实现文化传承的同时，满足现代社会的需求与审美标准。

（1）文化传承与历史保护理论　这一理论强调景观设计必须尊重并保留区域的历史文化遗产。文化景观设计需要在空间中保留历史建筑、文化符号、传统工艺等，确保文化的延续性。这种保护不仅是物质形态的保存，还包括对非物质文化遗产的传承，如传统节庆、习俗和故事等。仅仅保护历史文化并不够，活化历史空间才是实现传承与创新融合的关键。通过赋予历史空间现代功能（如改造旧建筑用于现代活动），可以让历史遗产在当代社会中焕发新的活力，使其成为既有文化意义又能服务现代需求的场所。

（2）现代功能主义与创新理论　现代功能主义理论强调景观设计应满足当代社会的功能需求。在文化景观设计中，创新可以体现在功能性的引入和优化上。设计不仅要保留文化的精神，还要通过引入现代化的设施、服务和智能系统，确保景观能够为当代使用者提供舒适、便捷的体验。在传承传统文化的同时，创新也可以通过运用现代材料、结构技术和数字科技来增强设计的表现力。

（3）文化符号与美学表达理论　这一理论强调在景观设计中，通过现代设计手法重新诠释传统文化符号，将其转化为具有现代审美的视觉语言。文化符号可以是历史建筑元素、传统纹样或民族象征，设计者通过几何化、抽象化等手法将其融入现代景观中，实现历史与现代美学的对话。文化景观中的美学表达应具备创新性和叙事性，既要体现文化的深厚历史感，又要通过设计元素引导参观者体验文化的故事。

（4）地域文化与场所精神理论　场所精神理论强调景观设计应体现特定地域的文化特色。文化景观设计需要充分融入地方文化元素，通过对当地风土人情、历史背景和自然环境的深入理解，设计出具有文化辨识度和独特性的景观空间。传承与创新相结合的设计通过保留地方特色，保持文化的根基，并运用现代设计语言进行创新表达。设计不仅应体现在物理空间的变化上，还应通过场所精神的表达，让使用者在空间中感受到文化认同。

（5）社会参与与文化互动理论　传承与创新融合的文化景观设计应注重社会的参与性，尤其是社区和当地居民的共创。通过让社区成员参与设计过程，可以更好地保留和传递地方的文化精髓。同时，创新的设计手法应能够引发使用者的互动和参与，使景观成为文化体验和交流的平台。参观者可以通过增强现实（AR）、虚拟现实（VR）等技术进行互动体验，从而更深入地了解历史文化，使传统文化在现代技术的帮助下焕发新的生命力。这种创新不仅增强了景观的互动性，还提升了文化传承的效果。

（6）多元文化融合与包容性理论　文化景观设计应通过包容性的视角，展现不同文化的共存与融合。这一理论强调在设计中兼容多样的文化背景，创造一个开放、包容的公共空间。在传承与创新的结合中，设计师需要考虑如何在尊重特定文化的同时，为其他文化的表达提供空间，使景观成为不同文化对话与融合的场所。在全球化背景下，设计应既能展现本土文化的独特性，又能与全球的设计潮流和技术创新接轨。通过对本土文化的深度挖掘，并结合全球的设计趋势，文化景观能够在国际化的背景下保持其独特的文化价值和吸引力。

（7）纪念性与象征性设计理论　文化景观中的纪念性设计强调通过特定的符号和空间形式表达历史事件、文化人物或集体记忆。这一理论主张通过景观空间的设计，使文化景观成为纪念历史的场所，同时通过象征性符号传递特定的社会价值观和文化精神。设计师可以通过现代设计手法重新演绎传统的象征符号，使其不仅能承载历史文化，还具有现代审美价值。通过这种创新表达，文化景观中的纪念性设计能够更好地与当代社会对话，增强其象征意义与文化影响力。

三、文化景观设计的主要思想

文化景观设计中的传承与创新相融合是一个动态平衡的设计过程，强调对历史文化的尊重和延续，同时将现代设计手法、技术创新以及社会需求融入其中，以创造出既具文化深度又符合现代审美和功能需求的景观。

1. 文化基因与设计重塑的思想

（1）文化基因的提炼　设计首先需要对所在地域或场所的文化进行深入研究和分析，提炼出具有代表性的文化基因。这些基因可以是历史建筑形式、传统工艺、风俗习惯、地域符号、民族精神等。通过对文化背景的了解和梳理，设计师能够精准把握该文化的核心价值和独特性，从而为设计提供方向。文化基因是特定地域文化的象征，通常通过地方性符号表现出来。这些符号可能是建筑元素（如屋顶、砖瓦样式）、装饰图案（如民族纹样）或历史事件、人物等文化标志。设计时首先要找到这些核心符号，并将其转化为设计的基础元素，确保文化基因在空间设计中得到体现和传承。

（2）设计重塑的创新　设计重塑的核心在于通过现代设计手法对文化基因进行创新表达。传统文化符号可以通过抽象化、简约化或几何化的方式转化为现代景观设计中的元素。设计不仅是停留在视觉层面的重塑，还需要在功能上赋予传统文化新的生命力。通过将文化符号转化为具有实用功能的空间元素，可以为传统文化提供更加多样化的表达方式。

（3）文化基因的情感连接　设计重塑不仅是物理形态的改变，更重要的是文化基因能够通过设计增强人们的情感连接和归属感。通过提炼社区中共同认可的文化基因，并将其融入景观设计中，可以增强人们对场所的认同感。文化基因承载着历史记忆，设计重塑可以通过景观空间使历史记忆得以延续。这种情感再现不仅传承了文化记忆，还通过设计重塑建立起过去与现在、历史与现代的桥梁。

（4）文化基因的现代功能化　设计重塑还能够通过现代科技手段提升传统文化的功能性。文化基因可以借助现代材料和技术变得更加多样化和功能化。这样的设计既保留了文化基因的传统内涵，又通过创新技术为其注入了新的活力。设计重塑应通过多维度的方式让使用者体验到文化基因。一个地方特有的音乐、语言或传统节庆活动可以通过现代的声音装置或互动技术成为设计的一部分，以此让文化基因变得更加立体和多样化。

（5）文化基因的社会适应性　文化基因的设计重塑还体现在它对现代社会的适应能力。传统文化的延续并不意味着对过去的固守，而是通过创新设计使文化适应新的社会需求。文化基因的设计重塑需要考虑社会经济的发展，确保文化景观设计能够服务于当代社会的多样化需求。

（6）设计重塑的创造性诠释　设计重塑思想不仅是在文化内部进行传承，还应强调跨界融合的创新。设计师可以将来自不同文化、艺术形式和学科的元素进行融合，创造出既富有传统韵味又极具现代感的文化景观。设计重塑的思想还鼓励设计师进行大胆的实验和突破，打破传统设计思维的局限，通过创新的设计理念、材料应用和技术手段，对传统文化基因进行颠覆性的重构。

2. 文化叙事与场景营造的思想

文化叙事与场景营造的思想是文化景观设计中的核心理念，强调通过空间设计讲述文化故事，再现历史情境，并通过特定场景的营造，创造出多层次的文化体验。这一思想主张设计不仅是对物理空间的规划，更是将历史、文化和社会记忆有机融合，使空间成为传递文化内涵与情感的载体。通过叙事性的空间布局，设计师可以将文化、历史和情感通过景观元素展现出来，带给人们沉浸式的文化体验。

（1）空间叙事与文化表达　文化叙事思想认为景观空间不仅是功能性场所，还应通过设计表达出某种文化、历史或情感。空间叙事是指通过场地布局、路径引导和节点设计，逐步展开特定的文化故事或历史脉络。设计师通过对空间的精心组织，使参观者在不同的空间场景中感受到文化故事的延续与演变。在空间叙事设计中，文化符号是传递信息的主要工具。通过在关键的空间节点植入具有象征意义的文化符号，能够增强空间的文化深度和叙事感。

（2）时间轴与多层次的文化体验　文化叙事不仅是对单一文化符号进行呈现，还可以通过多层次的时间轴，展示文化的不同阶段或历史进程。在空间设计中，设计师可以通过路径引导，将参观者带入不同的时间节点。通过时间轴的空间叙事，参观者能够全方位感知文化的过去、现在与未来。场景营造的思想主张在同一空间中创造出多个层次的文化体验。设计师可以通过场景的视觉、触觉、声音、光影等多重元素，让参观者在不同感官层面体验文化内涵。

（3）场景营造与文化氛围的塑造 场景营造的思想强调通过塑造特定的文化氛围，使空间具有情境化的表现。情境化再现可以通过特定的建筑风格、材质、装饰、景观元素等来完成。场景营造不仅要考虑文化的再现，还应考虑现代生活的功能需求。设计师在创造文化场景的同时，要兼顾空间的使用功能，使场景能够服务于现代社会的需求。

（4）路径引导与情感体验 文化叙事的思想通过路径引导的方式将文化故事铺陈开来。设计师可以通过路径设计控制参观者的行动顺序，精心布置关键景观节点，使故事逐步展开。参观者沿着路径前行时，空间中的叙事节点将引发其不同的文化感知和情感体验。文化叙事与场景营造不仅是视觉感官的体验，更应激发使用者的情感共鸣。情感体验的设计不仅增加了空间的感染力，还使文化景观更具教育意义和社会价值。

（5）互动体验与沉浸式场景 场景营造中的文化叙事不仅可以通过静态设计实现，还可以通过互动装置增强叙事的体验感。互动装置使参观者不仅是被动的文化接收者，还成为叙事中的积极参与者。这样的设计能够提升参与感，使文化故事不仅是讲述的内容，更是使用者体验过程的一部分。文化叙事与场景营造的思想还主张通过沉浸式体验增强文化的传达。设计师可以通过多维度的空间布局，让参观者置身于一个完整的文化场景之中，体验其中的文化氛围。这种沉浸式体验不仅增强了文化的真实性，也使历史与现代得以无缝连接。

（6）符号象征与叙事焦点 在文化叙事中，符号具有强烈的象征意义。设计师可以通过特定的文化符号，强化空间中的叙事性焦点。例如在一个城市的文化广场上，设计一个具有象征意义的雕塑或纪念碑，使其成为叙事中的视觉焦点，表达该城市的历史根源或文化精神。这样的符号不仅传递了文化内涵，还通过景观设计使人们在日常生活中不断与文化符号互动。符号化的景观设计不仅是文化象征物，还可以引导文化叙事。

（7）场所精神与叙事延续 文化叙事与场景营造还应强调场所精神的传递。场所精神是一个地点独有的文化气质和精神内涵，设计师应通过空间设计体现这一特质。场所精神通过空间叙事得以延续，帮助参观者在新的文化场景中感受到历史与文化的联系。文化叙事不仅停留在过去，还应考虑到时代的延续性。设计应通过场景的逐步展开，展现文化的过去、现在与未来。

3. 动态传承与适应性设计的思想

动态传承与适应性设计的思想是文化景观设计中的一种前瞻性理念，主张文化的传承不是静态、单一的过程，而是需要随着时间、环境和社会需求的变化而动态调整和演化。适应性设计则通过创造灵活的空间和设计策略，使文化景观能够适应不断变化的社会、技术和环境条件，从而保证文化能够在现代语境中持续生长并被当代人接受。这一思想强调在保留文化核心价值的同时，应灵活应对未来人类需求，确保文化景观能够在不断变化的社会中保持活力和功能性。

（1）文化的动态延续 动态传承思想认为，文化是随着社会变化不断演进的，设计需要适应这种动态变化，而不是将文化固化为过去的遗留物。景观设计应通过引入现代设计手法、技术和功能性，将文化从传统的形式中解放出来，使其适应当代社会的需求。通过灵活的设计手段，文化的历史精髓可以被重新诠释，并赋予现代意义，以应对社会变迁。设计师在进行文化景观设计时，应该注重将传统文化符号与现代设计语言结合起来，使传统文化在保持其精神核心的同时，能够以现代化的形式表达出来。

（2）灵活性与适应性的空间设计　适应性设计强调空间设计的灵活性，空间应具备多种功能，能够根据不同的需求进行调整。通过模块化、可移动的设计元素，景观可以灵活变换其用途，这种设计理念使景观空间不仅能够满足当前需求，还能够在未来的文化活动、社会功能中继续发挥作用。文化景观设计应考虑未来的社会、技术和环境变化，设计出具有弹性和适应性的空间。这种弹性设计能够保证文化景观在未来仍能保持其功能性和文化意义，不至于被社会变迁所淘汰。

（3）现代技术与文化传承的融合　动态传承强调现代技术在文化传承中的作用。设计师可以运用数字化技术、增强现实（AR）、虚拟现实（VR）等，增强文化景观的互动性和体验感。这种技术手段不仅保留了文化的传统价值，还通过创新的方式使其更易于接受。适应性设计还可以通过智能化技术增强文化景观的可持续发展能力。

（4）文化景观的多元表达与融合　动态传承不应限于传承单一文化，它还应能够包容和表达多元文化的共存与交融。文化景观设计应为不同文化背景的人群提供表达和互动的机会。这种设计思想通过文化的多样性表达，增强了文化景观的包容性，使其能够适应社会文化的多元化发展。适应性设计可以通过设计手法让不同文化在同一空间中共存，促进跨文化的交流与互动。这种设计不仅能够表达当地的文化传承，还为全球文化对话提供了场所，体现出文化景观的动态适应性。

（5）文化传承中的社区参与与共建　动态传承思想强调文化景观的建设应融入社区的参与，使景观能够适应当地社区的文化需求和社会发展。通过灵活的设计手法，社区成员可以参与到文化景观的创造和演变过程中，使景观成为集体记忆和社会互动的载体。适应性设计思想还强调文化景观的动态调整应当是一个开放的过程，设计师应预留空间和结构，使其能够适应未来的社会文化共创。

（6）文化记忆与未来创新的平衡　动态传承思想强调在文化景观设计中需要保持对历史文化的记忆，同时创造出具有未来感的文化表达。设计不仅要保护和传承历史文化符号，还应通过创新的设计手法，将这些符号与现代社会的需求结合起来。适应性设计还要求设计师在设计中具备前瞻性思维，在保持传统文化核心价值的同时，考虑未来的文化发展方向。

（7）生态与文化的共生　文化景观应与自然生态系统保持动态平衡。设计应考虑环境的变化，并通过生态设计手段使文化景观能够适应气候、环境的变化，保证文化与生态的共生。文化景观设计需要将生态保护与文化传承结合起来，在保留文化核心的同时，确保景观能够适应自然环境的变化。

4. 社会文化再生与公共空间的思想

社会文化再生与公共空间的思想是文化景观设计中强调社会互动、文化复兴和公共空间再造的重要理念，旨在通过设计公共空间促进社会文化的再生与传播。该思想强调，文化并非停留在过去，而是在当代社会中不断演变和创新。通过公共空间的设计，社会成员可以参与文化活动、表达文化创意，使文化在当代环境中焕发新的活力，同时增强社区的凝聚力与归属感。

（1）文化再生与现代社会的互动　社会文化再生思想认为，文化不仅是对历史的传承，更要在当代社会中重新焕发活力。设计师在公共空间中应注入新的文化内容，使其成为社会文化复兴的重要载体。通过公共空间的设计，人们可以重新体验和创造文化，从而促进文化的延续与创新。文化再生不仅是对传统文化的复兴，更强调将文化与现代生活方式相结合。公共空间的设计应融入现代人的生活需求，使文化成为日常生活的一部分。

（2）公共空间作为社会互动的场所　在社会文化再生的思想主张中，公共空间是促进社会互动和文化交流的重要平台。设计师应注重公共空间的开放性和包容性，使不同社会群体都能在这里找到文化归属感。通过设计开放的广场、公园、文化走廊等空间，社会成员能够自由进入并参与各种文化活动。这种开放性设计能够促进社会群体之间的文化互动与交流，从而实现社会文化的再生与发展。为了适应不同的文化活动和社会需求，公共空间的设计应具备多功能性和灵活性。适应性设计思想强调，公共空间应该能够根据不同的活动类型进行灵活调整和改造。多功能的公共空间设计不仅提高了场地的利用率，还增强了文化活动的多样性和社会互动的可能性。

（3）社区参与与文化共创　社会文化再生思想强调社区成员的参与，公共空间应为社会文化的共创提供平台。设计师应通过灵活的空间布局和参与式设计，鼓励社区居民积极参与文化景观的建设和维护。应通过鼓励社区共建以及参与文化景观的设计和改造，使社区成员增强对文化的认同感和责任感。这种共建共创不仅提升了公共空间的文化氛围，还增强了社区凝聚力。

（4）文化记忆与场所精神的延续　社会文化再生与公共空间设计应注重场所精神的延续。在历史文化园区的改造中，设计应通过保留旧建筑的风貌、结合当地民族特有的文化符号，增强场所的民族文化记忆感。这种对场所精神的尊重和延续，不仅保持了场地的文化根基，还为文化再生提供了基础。文化再生思想认为，历史文化需要通过现代手法进行再创造和演绎，使其在当代社会中具有新的意义。公共空间设计应通过对历史文化符号的现代化处理，将过去的文化记忆融入现代设计中。

（5）互动体验与文化传播　互动性是文化再生与公共空间设计中的重要理念。设计师可以通过互动装置、参与式活动等增强人们在文化景观中的体验感，使人们在公共空间中不仅是文化的观赏者，还成为文化的参与者和创造者。这样的设计能够增强文化的传播效果，并推动文化的再生与创新。社会文化再生思想强调，通过公共空间的沉浸式设计，让人们深入体验文化的多样性和历史感。设计师可以利用声音、灯光、装置艺术等手段，营造出具有沉浸感的文化氛围。沉浸式体验增强了文化的表现力，让文化再生不再限于视觉层面，而是深入触及人们的感官体验和情感共鸣。

（6）社会文化的持续创新　文化再生不仅是对过去文化的复兴，更强调文化的持续创新。设计师应在公共空间中为新兴文化形式提供展示和发展的平台。这种设计不仅促进了文化的持续创新，还为文化再生提供了源源不断的动力。公共空间的设计应具有前瞻性，为未来的文化发展预留空间和可能性。设计师可以通过灵活的布局和模块化设计，使公共空间能够适应未来的文化活动和社会需求。这种前瞻性的设计能够确保文化再生在未来继续保持活力。

（7）生态与文化的共生　社会文化再生思想还强调文化与自然的共生。公共空间不仅应是文化活动的载体，还应是人与自然和谐共处的场所。设计师可以通过生态设计手段，将绿色空间、可持续材料与文化元素相结合，创造出具有生态效益的文化空间。公共空间可以通过绿色设计和环保理念，促进社会文化的可持续发展。这样的设计可以引导社会成员共同参与环保和生态保护，推动文化与生态的双重再生。

（8）文化认同与社会凝聚力的增强　公共空间不仅是文化再生的场所，还是增强文化认同感的重要平台。通过设计带有文化符号和社会记忆的景观元素，公共空间可以增强社会成员对文化的认同感和归属感。社会文化再生思想认为，通过公共空间的文化活动和互动设计，可以增强社区和社会的凝聚力。设计师应为公共空间注入更多的社交功能，让人们在参与文化活动的同时，建立彼此之间的联系。这种公共空间设计不仅能复兴文化，还能增强社会的团结与凝聚力。

5. 文化多样性与跨文化交融的思想

随着全球化的发展，社会文化日益呈现多样化和复杂化，文化景观设计需要为不同文化的表达与交流提供场所，同时通过设计手法促进不同文化之间的对话与融合。这一思想不仅要关注文化的多样性保护，还要强调跨文化的交融和创新，使文化景观成为多元文化共生的平台。

（1）尊重与保护文化多样性　文化多样性思想强调在景观设计中保留和展示不同文化的特质与内涵。设计师应尊重不同文化的历史背景、风俗习惯、艺术符号和宗教信仰，并通过景观设计为这些文化符号提供展示的机会。通过设计，文化景观不仅成为历史和文化的展现载体，还让不同文化群体在现代社会中保持独特性与自我认同感。文化多样性不仅关乎全球文化之间的交流，也涉及对本土传统文化和地域文化的保护。设计师在景观设计中应保留本土文化的符号和特点，并通过设计手段让这些符号得以延续与传承。

（2）文化共存与空间包容性　文化多样性与跨文化交融思想强调设计应创造包容性的公共空间，允许不同文化背景的人群自由进入、互动和交流。设计师应通过开放式布局和灵活的空间结构，让这些空间能够适应多种文化活动、节庆和表达形式。这种包容性设计能确保文化的共存，使公共空间成为多元文化交融的展示平台。在设计中，不同文化应得到平等的展示与表达机会。文化景观设计应避免以某一主流文化为中心，而是通过多样化的文化符号和活动空间设计，确保各个文化背景的群体都能感受到其文化被尊重和体现。图4-3为沈阳世博园展览期间的百花馆园艺展区局部方案平面图。

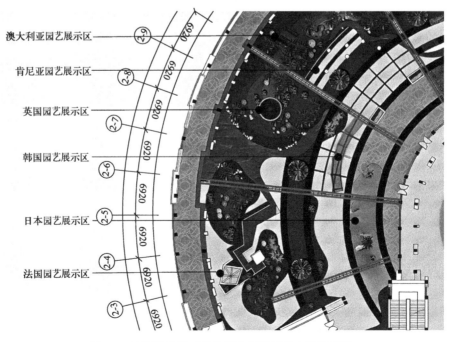

图 4-3　沈阳世博园百花馆园艺展区局部方案平面图

（3）跨文化的交融与创新　跨文化交融思想主张通过设计促进不同文化之间的对话与互动，创造跨文化交流的机会。设计师可以通过设计元素的巧妙融合，让不同文化的符号、艺术形式和设计手法相互交织与呼应。这种设计不仅展示了各文化的独特性，也强调了文化之间的相互联系与共同发展。设计可以通过整合多种文化元素，创造具有跨文化特质的文化景观。这种综合运用不仅增强了设计的包容性与复杂性，还通过文化的交融创造出新的设计风格和美学体验，提升了文化景观的创新性和多样性。

（4）跨文化交融中的艺术与创意表达　在文化景观设计中，艺术是跨文化交融的重要媒介。设计师可以通过公共艺术、互动装置和创意活动，促进不同文化之间的互动和对话。艺术作为文化表达的载体，可以跨越语言和地域的界限，促进文化之间的互相理解与尊重。跨文化交融不仅体现在符号和艺术表现上，也体现在创新与创意设计中。设计师可以通过实验性和跨界的设计手法，将多种文化元素进行重新组合，创造出具有文化多样性与创新特质的文化景观。这种创意表达能够打破文化的界限，让传统文化与现代文化在新的设计形式中共生。

（5）文化景观的互动性与参与性　文化多样性与跨文化交融的思想强调公共空间应具备互动性和参与性，让不同文化背景的群体能够在文化景观中直接参与、互动与交流。设计师可以通过互动装置、公共艺术墙、参与式活动等形式，让参观者主动参与到文化表达与创造中。这样的参与式设计不仅增强了文化的互动性，还让参观者成为文化景观的一部分，促进了文化间的交流。通过设计跨文化的互动体验，设计师可以创造出具有文化包容性和体验性的公共空间。

（6）文化认同与全球视野　文化多样性思想认为，文化景观设计应同时体现地方文化特色和全球化的视野。设计师应在保留地方文化特质的同时，融入国际化的文化元素与设计趋势，使文化景观具有全球文化背景下的多元性与开放性。这种设计能够让地方文化在全球语境中得到展示与传播，增强文化的多样性表达。跨文化交融思想认为，全球化背景下的文化景观设计应积极促进文化的融合与发展，通过设计为不同文化提供展示与交流的平台，设计师可以让全球文化的多样性在同一空间中实现对话。这种设计思路不仅体现了文化的融合，还促进了国际间的文化互动与理解。

（7）文化景观的教育功能　文化景观设计应通过展示多样文化内容，承担文化教育的功能。设计师可以通过设置文化展示区、信息墙或文化体验活动，让公众了解不同文化的历史背景、发展脉络和核心价值。通过设计，文化景观不仅可以作为展示空间，更是多元文化学习与传播的场所。跨文化交融思想还强调通过设计促进文化教育的互动性与参与性。设计师可以通过策划跨文化教育项目，如跨文化工作坊、语言学习活动或多元文化交流项目，让不同文化背景的人们通过体验和互动了解彼此。这种跨文化教育设计不仅促进了文化的传播，还促进了社会成员之间的跨文化理解与交流。

（8）文化差异的尊重与创新　文化多样性思想强调尊重不同文化的差异性，设计师在文化景观设计中应避免单一化、同质化，而是应通过多样化的设计手法展现文化的独特性。跨文化交融思想认为，文化创新不仅是对现有文化的再造，更是多种文化元素在互动中的融合与创新。设计师应通过开放的设计视角，鼓励文化间的创新交流。这种设计不仅能保留文化的传统性，还能通过跨文化交融创造出新的文化形态和艺术表现力。

6. 生态文化与文化景观共生的思想

生态文化与文化景观共生的思想是文化景观设计中强调生态与文化相互依存、共同发展的核心理念。它主张在文化景观设计中，既要传承和表达文化，又要保护生态环境，推动两者的协同发展。这一思想强调，文化与生态并非孤立存在，而是通过景观设计实现文化的传承与生态的可持续性，使文化景观成为人与自然和谐共处的载体。

（1）生态与文化的相互依存　生态文化与文化景观共生的思想认为，文化景观设计不仅要表达文化内涵，还应体现生态思维。设计师在创造文化空间时应充分考虑自然生态的平衡，尊重生态系统的运行规律，确保文化景观与自然环境的和谐共处。这一思想强调文化与自然是密不可分的，文化往往植根于特定的自然环境中，设计时需要尊重这种文化与自然的紧密联系。通过设计让文化符号与生态元素相互融合，创造既能表达地域文化，又能促进生态保护的景观。

（2）生态文化的传承与创新　生态文化与文化景观共生的思想强调应传承和发扬人类历史上积累的生态智慧。这些智慧体现在传统建筑、农业、园艺等各个方面，通过生态友好的方式实现人与自然的和谐相处。设计师可以从传统生态文化中汲取灵感，在文化景观设计中延续这些智慧，将传统生态技术与现代设计理念相结合，实现生态文化的创新发展。在文化景观设计中，设计师可以通过现代生态技术与文化符号的结合，创造出可持续发展的文化景观。这种创新不仅延续了生态文化的传承，还为文化景观注入了现代可持续发展的元素。

（3）可持续文化景观设计　生态文化与文化景观共生思想认为，设计应以可持续为原则，在确保文化表达的同时减少对环境的破坏。设计师可以通过低冲击设计策略，减少建设中的生态足迹。这样的设计不仅能够传达文化价值，还能促进生态环境的可持续性。可持续文化景观设计强调材料选择的生态友好性，优先考虑使用本地材料和低能耗技术。通过减少材料的运输距离和施工能耗，设计师能够降低文化景观建设对生态系统的负面影响。同时，利用自然通风、遮阳系统和可再生能源技术，设计出高效节能的文化景观，使其在长期使用中具备环境适应性和可持续性。

（4）生态与文化的空间融合　设计师可以通过空间布局将文化符号与自然元素融合在一起，创造出既具文化价值又具生态功能的景观。生态文化与文化景观共生的思想主张设计应创造出动态的生态文化景观，使文化和自然在变化中保持互动与平衡。这种动态设计使文化景观不再是静态的符号展示，而是一个不断更新、与自然同步发展的空间。

（5）生态教育与文化传播　生态文化与文化景观共生思想还强调景观设计的教育功能，特别是在生态与文化共生方面的传播。设计师可以通过生态文化的展示和信息引导，向公众传递可持续发展的理念。这样的设计不仅增强了文化景观的生态价值，还通过教育功能提升了社会对生态文化的认知与保护意识。设计可以通过互动体验的方式，将文化与生态结合起来，让参观者在文化景观中学习生态知识。这种互动体验式设计不仅增强了文化景观的参与感，还在体验过程中传播了生态文化知识，提升了人们的生态意识。

（6）水资源与文化景观的互动　水在很多文化中都具有重要的象征意义，水资源与文化景观的融合是生态文化共生的重要体现。设计师可以通过合理利用水资源，使水既成为文化表达的符号，又发挥生态功能。在水资源管理方面，设计师可以结合文化景观设计，创建兼具生态效益与文化内涵的水资源系统。这种设计让文化景观与水生态形成互动，共同实现生态与文化的双重效益。

（7）文化景观的生态恢复功能　生态文化与文化景观共生的思想认为，文化景观设计不仅应保护现有的生态环境，还应具有修复和改善生态系统的功能。通过文化景观的设计，荒地、污染区域或破坏严重的自然环境可以得到恢复和改善。在进行生态修复的同时，设计师可以通过文化符号的介入，增强文化景观的表现力和认同感。这种结合既实现了生态恢复的目标，又增强了文化景观的社会价值和文化表达。

（8）人与自然的和谐共生 文化景观设计应当通过人与自然和谐共生的理念，创造出符合生态需求和文化表达的设计。这种设计不仅保证了生态系统的平衡，还能增强人们与自然的情感连接，培养人们的生态意识。生态文化与文化景观共生的思想认为，景观设计应当引导社会成员参与生态保护与文化传承的实践。通过设计生态友好型的公共设施，如垃圾分类点、可再生能源使用展示区等，能够鼓励公众参与生态保护行动。这种设计既通过文化景观表达了生态保护的理念，又通过具体的措施和行为引导，推动了生态文化在社会中的传播与实践。

7. 数字化与互动体验的思想

数字化与互动体验的思想是在现代文化景观设计中融合数字技术与互动体验的重要理念，旨在通过运用新兴的数字技术、虚拟现实（VR）、增强现实（AR）、交互装置等手段，增强使用者在文化景观中的沉浸感和参与感。这一思想强调，设计不仅是静态的文化展示，而且通过技术手段和互动设计，使文化景观能够与使用者产生动态的互动，促进文化的传播、理解和体验。

（1）数字技术增强文化体验 数字技术，尤其是VR和AR，可以让文化景观设计超越物理空间的限制，为使用者提供丰富的文化体验。VR则可以为参观者提供更沉浸式的体验，参观者可以通过佩戴VR设备在虚拟世界中探索古代文明、文化遗址，增强他们对历史文化的理解。数字化技术可以通过互动屏幕、投影等形式展现丰富的文化内容。这些互动式装置增强了参观者与文化景观之间的互动性，使参观者在与文化符号接触时产生更深的情感连接和文化体验。

（2）互动性设计提升参与感 数字化与互动体验的思想主张通过设计具有互动功能的装置，让参观者不仅是文化的被动接收者，更是主动的参与者。这样的设计鼓励参观者与文化景观产生互动，增加参与感，并且提升了文化的趣味性和体验感。设计师可以通过互动技术鼓励参观者参与文化创作，让参观者成为文化的共同创造者，使文化景观不仅是展示的对象，也变成了共创的平台。

（3）沉浸式体验与文化传播 数字化与互动体验的思想强调设计应创造出沉浸式的文化体验，使参观者能够全身心地投入文化场景中。这种沉浸式设计不仅让文化更具吸引力，也增强了文化传播的深度与广度。除了视觉上的沉浸体验，声音和其他感官元素的结合也是互动设计的重要组成部分。通过结合声音、触觉反馈、温度调节等设计手段，文化景观可以为参观者提供多感官的互动体验。这种多感官设计使文化体验更为丰富、生动，有助于加强文化的记忆和感知。

（4）智能化管理与文化体验 数字化技术不仅可以增强互动体验，还可以通过智能化管理提高文化景观的运行效率。这种智能化设计不仅提升了参观体验的便利性，还增加了空间的互动性和技术感。通过大数据分析和个性化推荐，数字化技术可以为参观者提供个性化的文化体验。这样，参观者的体验不再是千篇一律的，而是基于个体需求进行量身定制的，增强了文化景观的个性化和互动性。

（5）文化传承中的虚拟与现实结合 虚拟技术可以帮助重现已经消失或难以直接体验的文化遗产。这种虚拟与现实结合的设计不仅能帮助弥合文化记忆与现实空间之间的差距，还可通过技术手段促进文化传承的延续。通过增强现实技术，设计师可以将文化符号或故事情节直接嵌入现实环境中。这种虚拟与现实结合的方式增强了文化体验的动态性与故事性，让文化传承不再是静态的展示，而是生动的互动体验。

（6）数字艺术与文化表达　　数字化与互动体验思想强调通过数字艺术形式拓展文化的表达方式。数字艺术装置不仅打破了传统艺术的时空限制，还通过技术创新为文化景观注入了现代感和未来感，提升了文化表达的多样性与创新性。通过结合互动媒体和数字艺术，文化景观可以为公众提供前所未有的文化表达和参与机会。这种创新不仅推动了文化景观的多元表达，也通过数字化手段拓展了文化传播的范围。

（7）生态与文化的互动设计　　数字化与互动体验的思想还可以通过与生态设计相结合，创造出具有文化意义和生态价值的互动景观。这种数字化生态设计不仅增强了景观的互动性，还通过技术手段为文化景观增加了生态功能。在智慧城市的背景下，文化景观设计可以通过数字化技术与城市生态系统相结合，实现智能化管理与互动体验的同步提升。这种数字化与生态互动的设计不仅促进了文化与生态的共生，还为城市文化景观提供了更智能、绿色的解决方案。

（8）未来文化景观中的数字化展望　　数字化与互动体验的思想不仅关注当前技术的应用，还展望未来文化景观的数字化发展。设计师可以通过虚拟空间、全息投影、AI生成内容等手段，创造具有未来感的文化景观。这种未来感的设计不仅拓展了文化景观的边界，还为文化的未来发展提供了创新的技术支持。人工智能技术在文化景观设计中的应用为未来的数字化体验带来了更多可能性。AI可以根据参观者的行为模式和兴趣数据生成个性化的文化内容，甚至能根据实时数据调整景观设计或展览内容。

8. 时间轴与空间叙事的思想

时间轴与空间叙事的思想是文化景观设计中的重要理念，强调通过空间的设计，将历史文化事件、发展脉络和未来展望以叙事的方式呈现在景观中，帮助使用者在空间中感知时间的流动、文化的传承与发展的过程。时间轴与空间叙事的结合使文化景观不仅是物理空间的布置，还成为一种有层次、有故事的体验方式，其将过去、现在与未来的文化联系在一起，能给参观者带来深刻的情感共鸣和文化认同感。

（1）时间轴的构建与历史脉络的呈现　　时间轴在文化景观中的设计是为了展现历史的连续性与演变过程。设计师可以通过空间中的路径、景观节点和主题展区，将特定文化的历史进程展示出来。时间轴的构建需要通过具体的空间节点加以呈现，每一个节点都代表了历史上的重要时刻或文化发展的关键阶段。设计师可以通过雕塑、纪念碑、浮雕、信息板等形式将这些历史节点具象化。这种设计既使文化空间具备了叙事性，也增强了参观者对文化的理解与认同。

（2）空间叙事与文化体验　　空间叙事的思想主张通过空间布局和设计元素，呈现某一文化或历史背景下的故事。设计师可以利用路径引导、景观节点和空间转换，逐步展开文化叙事。空间不仅是文化故事的舞台，更是叙事的有机组成部分，能帮助参观者在行走的过程中逐步感知故事的脉络。空间叙事不仅限于单一的时间线，还可以通过多维度的空间布局展示不同的文化故事或历史背景。参观者可以自由选择某一故事线，并在空间中感知其发展的逻辑与内涵。一个多元文化历史展览区可以通过不同的路径展现不同时期、不同族群的文化故事，帮助参观者从多个角度理解文化的多样性。

（3）时间与空间的叠加与对话　　时间轴与空间叙事的思想强调历史与现代的互动对话。设计师可以通过在同一空间内同时展示历史文化与现代元素，创造出时间与空间的叠加感。

这种设计不仅展现了文化的延续性，还通过时间与空间的叠加传递了文化的变迁与进步。设计还可以通过时间轴的延展，将历史记忆与未来愿景相结合。参观者可以从过去的文化遗迹中获得历史记忆，通过现代设计元素感知文化的现状，最终通过展望未来的装置或互动装置，想象文化的未来走向。这种设计不仅体现了时间的延续性，还通过空间叙事引发了人们对文化未来发展的思考。

（4）路径设计与时间的引导　空间叙事的核心之一是通过路径设计引导参观者在时间轴上移动。设计师可以通过路径的曲折、延展或分段安排，让参观者逐步感知时间的推进。路径的设计不仅控制了参观者的行进顺序，还让他们通过步行体验时间的流逝与文化的变迁。时间轴与空间叙事的思想通过空间节点的层次化设计得以体现。每个节点都承载着特定的时间背景和文化意义。设计师通过这种设计，让参观者在空间中自然感受到时间的层叠与变迁。

（5）文化叙事中的情感体验　时间轴与空间叙事的设计不仅是文化事件的展示，还应当触发参观者的情感共鸣。设计师可以通过时间轴的渐进式展示，引导参观者的情感层层递进。这样的情感叙事使参观者在空间中不仅是文化的观察者，也是文化体验的参与者。纪念性文化景观往往承载着某一重大历史事件或人物的记忆。设计师可以通过空间叙事的手法，将这些历史记忆以时间轴的形式逐步展开。这种空间叙事不仅增强了文化的厚重感，还通过时间的推进引发了参观者的情感共鸣。

（6）未来与文化发展的叙事线　时间轴与空间叙事不仅应关注历史和文化传承，还应通过设计进行文化展望。设计师可以通过未来感的设计语言或互动装置，向参观者展示文化的可能性和未来方向。这种设计不仅让文化景观具备了历史感，也增加了未来感与前瞻性。时间轴与空间叙事的思想还可以通过开放式的未来空间来展现文化的延续性。这种设计不仅预示了文化的未来发展方向，也让参观者参与到文化的创造过程中，体验时间与空间的动态互动。

（7）时间的象征与隐喻设计　时间轴与空间叙事的思想可以通过时间符号的设计加以深化。这种设计不仅增强了空间叙事的时间感，还通过隐喻引发参观者对文化变迁和时间流逝的思考。在某些文化景观中，时间并非单纯的线性过程，而是蕴含着哲学意味的循环。设计师通过空间叙事将时间的哲学思考融入其中，超越了时间的物理概念，赋予设计更深层次的文化与哲学内涵。

练习习题

？

1. 如何在文化景观设计中实现传统文化符号的当代演绎？请结合现代材料与工艺应用，简述其对文化传承与创新的影响。

2. 在文化景观设计中，如何通过文化叙事与场景营造强化文化氛围与情感体验？请结合空间布局与互动设计谈谈其对社会凝聚力的促进作用。

3. 如何在设计中实现文化的动态传承与适应性设计？请结合灵活性空间设计与现代技术的应用，论述其在文化景观中的重要性。

4. 在文化景观设计中，如何通过时间轴与空间布局的结合，强化文化记忆与场所精神？请结合历史脉络与情感体验谈谈其对增强社会认同感的作用。

5. 如何通过生态与文化的共生设计，推动可持续发展与文化传承？请结合生态智慧与文化景观设计，论述其对生态文明建设的积极作用。

第五章　新时代设计思想导引下的园林景观设计专题

第一节　人本化思想导引下的城市景观更新设计专题

　思想导航

（1）以人为本的设计价值观　通过强调人本化理念，引导学生将以人为本作为城市景观设计的核心价值观，关注使用者的需求与体验，体现设计的人文关怀与社会责任。

（2）增强社会责任感与公共服务意识　通过讨论人本化景观设计的社会意义，引导学生认识景观设计对社会的影响，激发其关注公共福祉，培养其成为有担当的设计人才，服务社区与社会。

（3）培养对弱势群体的关爱与平等意识　通过案例讲解无障碍设计和适老化设施，帮助学生在设计中关注弱势群体的需求，培养学生关爱和包容的态度，推动社会公平与平等的实践。

一、城市公共空间景观更新设计

（一）设计关注要点

1. 人本化尺度与空间布局

公共空间设计应注重人体工学和使用者的行为模式，确保各类设施（如座椅、步道、遮阳设备等）符合人体需求，使人们在空间中感到舒适、放松。例如，步行道的宽度应适应不同人流量，座椅应布置在舒适、方便的地点，绿植的布局应为人们提供视觉和物理上的舒适。设计应根据不同功能需求合理分区，如休闲、运动、娱乐、社交、文化展示等区域。同时，保证各个区域之间的连通性，使人们能够轻松地在不同功能区之间流动，从而提升公共空间的整体使用效率与体验。

2. 促进社交互动与社区融合

公共空间应通过设计吸引居民互动，鼓励交流与社交活动。例如，设置开放式广场、户外座椅、共享庭园等，为社区活动和日常休憩提供场所。人本化设计不仅要考虑物理上的便利，还应通过空间氛围营造，促进居民之间的情感交流与社区凝聚力的提升。公共空间的设计应具备灵活性，适应不同的时间和活动需求。一个广场在平时可以用于居民的日常休闲，而在特定节假日或活动期间，则可以转换为集市、演出或庆典场地。这样的弹性设计使空间的使用频率和多样性得到最大化，充分提升其社会和经济价值。

3. 无障碍与包容性设计

公共空间设计必须考虑所有人群的平等使用权，特别是老年人、残疾人和儿童等群体。无障碍通道、坡道、盲道、轮椅友好设施和无障碍卫生间等设施的合理设置，不仅保证了设施的包容性，还体现了设计的人文关怀，提升了空间的公平性与使用便捷性。公共空间应能适应不同年龄段用户的需求。为儿童设计的游乐设施、为青少年和成年人提供的运动场所以及为老年人设置的活动场地，都是全龄友好设计的重要组成部分。这样的设计可以增强社区的多样性和互动性，促进代际融合。

4. 生态可持续性与绿色设计

景观设计中应结合绿色基础设施，如雨水花园、透水铺装、植被缓冲带等，这样既可以改善城市生态环境，还能减少城市内涝，提升生态可持续性。这样的设计使公共空间不仅是居民活动的场所，也成了城市生态系统的一部分，有助于提升生态效益。景观设计应尽量融入自然元素，如水体、植被、石材等，形成自然与人造环境的和谐共处。植被绿化可以提供遮阴场所，减少热岛效应，而水景可以调节微气候，改善空气质量。这样的设计能够使居民感受到自然的力量，从而改善心理健康，提升幸福感。

5. 文化传承与地方特色

设计应充分尊重当地的历史文化，通过保留和展示历史建筑、纪念碑等文化符号，使公共空间成为文化传承的载体。例如，可以在广场、公园等空间中融入当地的历史元素或艺术装置，增加公共空间的文化内涵，提升居民的文化认同感和归属感。设计中应强调本地文化特色和独特风貌，通过选用本地材料、传统工艺和地域特色的设计元素，使公共空间充满地方特色，避免"千城一面"的局面。这不仅能增强场所的独特性，还能促进文化旅游和经济发展。

6. 安全性与舒适性

设计公共空间时，应特别注意安全问题。通过合理的照明布局、开放视野的设计、减少隐蔽角落等方式，可以有效增强空间的安全感。同时，使用智能监控设施和急救设备等现代技术手段，提升公共空间的安全管理水平，确保人们能够安心使用。公共空间的设计应提供足够的基础设施来提升舒适度，如座椅、遮阳棚、饮水点和公共卫生间等。还应根据气候条件设置喷雾降温系统或避风设施，以确保人们在不同天气条件下都能舒适地使用空间，最大限度地提升用户的舒适感和使用体验。

7. 步行优先与绿色出行

在城市公共空间的更新设计中，应优先考虑步行者的需求，设计宽敞、连续、舒适的步行道和绿道，确保步行道的流畅性和可达性。这样的设计不仅改善了出行道路的环境，还减少了人们对机动车的依赖，有助于减少交通拥堵和环境污染。通过合理规划公共交通站点与公共空间的连接，提升空间的便捷性和交通连通性，鼓励居民采用绿色出行方式。应提供自行车停放点、公交接驳区等设施，进一步推动低碳环保的出行模式。

8. 智能化与技术创新

随着智慧城市技术的发展，公共空间应结合智能技术进行管理和优化。例如，智能照明系统可以根据人流量调节亮度，智能垃圾管理系统可以提高清洁效率，智能监控系统可以提升安全保障。这些技术创新不仅提升了公共空间的运营效率，还为居民提供了更好的使用体验。通过物联网传感器和大数据技术收集居民的使用数据，分析空间使用模式与行为特征，动态调整公共空间布局与设施分布。例如，分析人流量和活动类型后，可以适时增加休息区或增加绿化覆盖，以更好地满足居民需求。

9. 气候适应与韧性设计

城市公共空间设计应具备应对气候变化和自然灾害的韧性。例如，通过透水铺装、雨水花园等设计，提升雨水渗透和管理能力，减少城市内涝风险；同时通过利用遮阳设施、绿化等降低城市热岛效应，为居民提供一个应对极端气候的舒适空间。在灾害多发地区，公共空间的设计应考虑防灾功能，如避难场所、防洪设施等，确保在紧急情况下能够提供足够的安全保障，提升城市公共空间的抗灾能力和恢复能力。

在人本化思想的导引下，城市公共空间景观更新设计应关注人本化尺度、社交互动、生态可持续性、文化传承等多方面的因素。通过整合功能性、包容性、安全性与文化特色，结合现代智能技术和应对气候变化的韧性设计，为居民提供高质量、可持续的公共空间。这种综合性设计既满足了当代生活需求，也为未来的发展预留了充足的弹性和适应性。

（二）设计案例分析——口袋公园设计

1. 项目概况

项目位于沈阳市铁西区，占地总面积 880 余平方米，东侧、西侧和南侧相邻城市主要道路，北侧为国际健康医疗城，场地南北长 96m，东西宽约 92m，如图 5-1 所示。

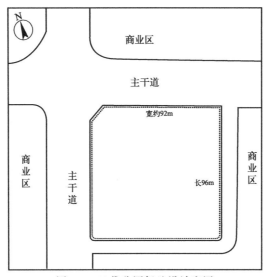

图 5-1　口袋公园场地设计底图

2. 设计要求

本地块需建设成为城市口袋公园，设计必须满足如下需求：

①展示城市工业文化特征；②满足百姓的健身活动、休闲娱乐、休憩等需求；③提供多功能城市综合服务空间。

3. 方案解析

（1）方案布局　方案采用中心式布局结构，周边道路以中心雕塑为核心进行环绕式布局。虽然方案采用中心式平面布局模式，但平面设计中打破了常规的同心圆形式设计思路，道路曲线围绕中心雕塑呈引力式分布，总体布局形式自由。场地内的铺装采取平行式结构，既丰富了场地铺装肌理，又在自由和规矩中捕捉到了相对的平衡，如图 5-2 所示。

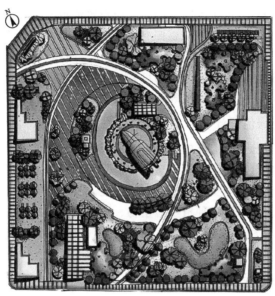

口袋公园景观
设计案例解析

图 5-2　口袋公园方案平面图

（2）设计分析　设计构建城市口袋公园，旨在满足场地周边居民日常健康锻炼、休闲娱乐、休憩活动需求，同时展现场地原有地域文化和城市风貌。通过详细分析场地周边环境，确定设计以"吊车主钩"形象创意的主题雕塑为中心，对场地进行布局。场地设置多个同周边道路交接的入口，总体开放。场地中，植物和场地原有构筑将场地划分成多个空间，便于满足人群的多种使用功能。场地总体尺度较小，未对场地内道路进行明确分级，主要通过设置多个行走路径，满足人群对场地交通接驳的需求。场地主要道路宽度控制在 2～2.5m。临近城市主要车行道路一侧设置人行道。场地主轴线从场地西南侧街角开始，向东北方向延展，分别设置入口 LOGO 景观墙、硬质广场、主题雕塑和背景植物景观。这条轴线控制了口袋公园的总体景观架构。除此之外，在重要的入口区域，根据视线需求也设置了入口区域对景景观区，构成了场地空间的辅助轴线。

二、城市慢行步道系统景观更新设计

（一）设计关注要点

1. 人本化尺度与步道体验

步道的设计应考虑不同人群的使用需求，确保宽敞、舒适的行走空间。根据使用者的行为模式，步道宽度需满足步行者、慢跑者以及骑行者的多重需求，避免过窄导致拥挤。同时，步道的设计应尽量减小坡度，以提高行走的舒适性，特别要方便老年人和残疾人使用。设计应确保步道系统的连贯性，避免出现断裂或不便通行的情况。步道的流线设计要考虑人们的日常出行路径以及景观体验，保证人们能够自然地在步道系统中行走，为其提供舒适且有趣的步行体验。

2. 安全性与无障碍设计

在慢行步道的设计中，安全性至关重要。步道应与机动车道、交通繁忙区域进行有效隔离，避免车辆对行人和骑行者产生威胁。同时，应设置清晰的交通标志和夜间照明设施，以保证行人夜间安全出行。照明设计不仅要照亮道路，还应考虑视觉的舒适性，避免光污染。在步道系统中应设置无障碍通道，确保老年人、儿童、残疾人等能够轻松、安全地使用步道。无障碍坡道、轮椅通道和盲道的合理布局是人本化设计的重要组成部分，必须在规划中予以充分考虑，体现对各类使用者的平等关怀。

3. 生态可持续性与绿色设计

慢行步道系统应尽量选用生态友好型材料，如透水铺装、再生材料等，不仅有助于雨水的自然渗透，减少城市内涝，还能减轻对自然环境的破坏。步道材料应耐用、易维护，同时具备一定的环保效益，确保景观更新的长期可持续性。步道旁的绿化带和植被设计是提升空间生态效益的关键元素。可以通过种植本地植物、设置植被缓冲带、绿墙等，创造出一个既美观又生态友好的环境，为步行者提供舒适的自然景观，增强他们与自然的联系。植物还可以作为天然的遮阳设施，调节气温，为人们提供更强的舒适性。

4. 文化特色与视觉体验的结合

步道可以通过沿线展示本地文化元素，将历史、艺术和地方特色融入其中，增强空间的文化内涵。例如，使用具有地方特色的铺装图案、标志、雕塑等，展示当地的传统文化和历史背景，让行人在出行时感受独特的文化气息。步道设计中可以注重视线引导和景观动态变化，通过曲折小道、植被层次的变化，给行人和骑行者带来不断变化的景观体验。这不仅提高了步道的趣味性，还为使用者创造了更加丰富的空间感受。

5. 社交与互动空间设计

步道系统不仅仅是出行线路，还是为使用者提供沿途休憩和社交的空间。例如，在步道沿线设置休息座椅、小广场、户外咖啡座等，方便行人停留、交流、欣赏周边景观。这样的空间设计不仅提升了步道的功能性，还能加强社区之间的互动。设计可以创造共享活动区域，如健身区域、儿童游乐区、临时展览场地等，鼓励步道使用者参与不同的活动，丰富公共空间的体验。这种多功能性设计能更好地利用步道系统，为社区居民提供多样的生活场景和社交机会。

6. 步行优先与绿色出行

步行与骑行的空间设计应互不干扰，避免冲突。合理的分区规划可以确保步行者和骑行者在共享空间时不会彼此影响，保证出行的顺畅与安全。同时，可通过绿化、栏杆等设计对两者进行自然分隔，创造和谐的空间布局。设计师可以通过设置自行车停放点、公共自行车租赁系统等，促进绿色出行方式的推广。步道的起点和终点应与公共交通枢纽有效衔接，便于人们采用步行、骑行与公共交通相结合的出行方式，减少对私家车的依赖，推动低碳环保的出行模式。

7. 舒适性与气候适应性设计

在炎热的夏季或多风的季节，步道的舒适性至关重要。可通过设置绿植、棚架或防风屏障，提高步行者和骑行者的舒适感。这些设施不仅提升了使用者的体验，还可以改善环境的微气候，调节温度和风速。在设计中应考虑当地的气候特征，为不同季节的使用者提供最佳体验。例如，步道表面材料应具备抗滑性，以应对雨雪天气；沿途的植被设计应在夏季提供足够的阴凉，冬季则避免阳光被遮挡。这些气候适应性设计可以大大提高步道系统的全年使用率。

8. 智能化与技术创新

结合智慧城市的理念，设计可以融入智能化技术，提升步道的功能性与管理效率。智能照明系统、监控摄像头、紧急呼叫装置等可以提高步道的安全性；传感器技术可以监测步道的使用情况，为城市管理提供数据支持，帮助优化步道维护和管理。通过数据分析和物联网技术，可收集步道的使用模式和居民反馈，进行动态优化。例如，分析使用高峰时段和低频率区域，及时调整设施布局，满足更多用户需求。同时，步道信息可以通过手机应用向用户提供步行路线建议、景观介绍等服务，增强用户使用体验。

在人本化思想的导引下，城市慢行步道系统景观更新设计应以人的需求和体验为核心，注重步行与骑行的安全性、舒适性和便捷性，同时融入生态可持续性和文化传承的理念。通过智能化技术和气候适应性设计，步道系统不仅为居民提供了便捷的交通方式，还成为了他们日常生活中的重要社交、文化和生态体验空间。此外，设计在满足现代化需求的同时，应尊重和展现地方特色，最终创造出人与环境和谐共存的高品质公共空间。

（二）设计案例分析——沈阳蒲河滨水慢行步道

1. 项目概况

2010 年 3 月，沈阳市水利局对外发布了沈阳蒲河生态廊道规划。规划中提到，沈阳区域内的蒲河生态廊道全长 180km，规划以生态廊道、沈阳之"虹"作为核心理念，即利用彩虹具有的"自然、多彩、连通、愿景"四大特征，实施修复蒲河生态系统，建设自然景观环境；统筹流域城乡发展，彰显魅力城乡生活；建立区域连通纽带，优化城市发展空间；塑造生态文明载体，描绘沈阳发展蓝图。设计所选项目区域是沈阳蒲河生态廊道的一个组成部分，因为临近城市居住区，所以场地主要是给周边居民提供休闲健身、娱乐活动的滨水慢行步道和休闲空间，设计底图见图 5-3。

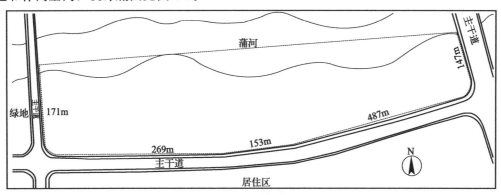

图 5-3　滨水慢行步道项目设计底图

2. 设计要求

① 结合水域环境设置滨水慢行步道，步道与水岸边界具有变化趋势；

② 结合慢行步道，在适当区域设置驻停空间，方便人们的互动交流、游赏休憩；

③ 滨水慢行步道同生态廊道路网系统进行合理衔接；

④ 慢行步道采用生态环保材料，加强低碳设计；

⑤ 慢行步道设计充分考虑设计的友好性，满足无障碍设计要求。

3. 方案解析

（1）方案布局　设计方案中的慢行步道采用折线形，与水岸的曲线形式形成忽远忽近的景观互动，这在一定程度上增强了游人的观赏性体验。折线形的慢行步道路径也在一定程度上增加了方案的现代气息。项目布局方案参见图 5-4。

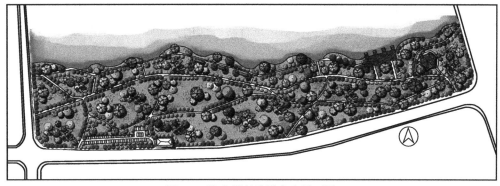

图 5-4　滨水慢行步道方案平面图

（2）设计分析　滨水慢行步道既满足了周边居民滨水游赏需求，又为市民亲水提供了重要场所。步道转折形态设计，增加了市民在滨水空间的滞留时间，同时也增大了游赏人群的视域，让水体景观在人的行走过程中发生视觉转换，增加了步移景异的体验感。另外，滨水道路与河岸忽远忽近，使得道路两侧的景物也发生了不同程度的改变。这也增强了游客在行走过程中的景观体验感。所选择分析场地区域水面较宽阔，在适当区域设置休息区，可以为沿着生态廊道慢行步道游憩的人群尽可能提供休息设施、环卫设施，并在规划区域设置慢行交通接驳场地，这不仅是为周边居民提供便利，也为城市中距离更远又喜爱慢行活动的市民提供便利。场地内植物疏密相间，既满足了滨水绿地空间的景观视觉需求，又为市民提供了周末露营的绝佳去处。这块承载着城市慢生活的慢行步道游赏休憩空间，不仅可以作为独立的滨水组团绿地，也是蒲河生态廊道系统的重要组成部分。

练习习题

1. 对设计案例进行深入解析，并形成分析报告。

2. 独立进行方案设计，形成设计文案。

滨水景观设计案例解析

第二节 生态优先思想导引下的自然景观设计专题

 思想导航

（1）培育生态保护意识，践行生态文明理念 通过讲解生态优先设计理念，引导学生认识生态文明的重要性，强化"人与自然和谐共生"的观念，培养学生尊重自然、保护自然的意识，并推动生态优先设计的实际应用。

（2）树立可持续发展观，增强社会责任感 结合国家"双碳"目标，引导学生关注景观设计的长远社会影响，采用节能、减排和资源循环利用等策略，增强学生社会责任感，助力生态文明建设。

（3）传承传统生态智慧，激发文化自信 通过结合传统生态思想与现代生态设计，帮助学生认识"天人合一"等本土文化的独特价值，激发学生文化自豪感，增强他们在设计中保护和传承传统生态智慧的意识。

一、自然地形与植物景观设计

（一）设计关注要点

1. 自然地形

（1）因地制宜的地形塑造 尊重原有地形，避免大规模的人工改造，减少对自然环境的破坏。根据项目地所在的地形类型（如山地、平原、湿地等）设计不同的地形塑造策略，强调自然与人工的和谐。通过适度的微地形调整，优化水体管理，增强地表排水效果，形成自然的排水体系。

（2）水土保持与地形稳定 通过设计缓坡、阶梯地形以及植被覆盖等手段，减少雨水冲刷，防止水土流失。坡度应考虑生态功能及使用的便捷性，合理设计坡度以防止滑坡和土壤侵蚀，同时确保景观的视觉美感。在坡面和易冲刷区域种植深根植物，以增强地形稳定性。

（3）地形与排水系统结合 通过地形设计引导雨水自然下渗、收集与净化，形成多层次的雨水管理系统，减少硬化地面的排水压力。将低洼区域设计为雨水收集和调蓄区，营造自然湿地景观，提升生态多样性。在设计中利用地形差异设置雨水花园，通过自然过滤净化雨水，保护水体环境。

（4）生态效益与生物多样性 通过地形设计为各种动植物提供多样的栖息环境，如高地、坡地、湿地等，创造多样化的微气候和微环境。在地形设计中保留或创建动植物迁徙廊道，确保生态连通性，有助于维护生物多样性。在地形设计中考虑与周边自然环境的有机融合，避免生硬过渡，保持整体的生态连续性。

（5）美学价值与观赏性 保持自然的地形曲线与变化，体现大自然的韵律与美感，创造出流畅、富有层次感的景观效果。利用高低起伏的地形引导视线，设计景观节点和观景平台，提升景观的空间感和视觉冲击力。通过地形塑造与植被的结合，增强景观的四季变化和动态表现力，让自然景观在不同季节都能展现不同的美感。

（6）与人类活动空间的关系　在地形设计中应考虑使用者的需求，设计适宜的人行步道、广场、台阶等，确保自然地形与人类活动空间的协调。在适当的地形区域设计适合户外活动的场所，如登山步道、草坪休憩区等，增强景观的功能性和互动性。

（7）材料与施工技术　在地形调整中使用环保材料，如自然石材、透水材料等，减少对自然资源的消耗。采用低影响的施工技术，减少对原有地形的破坏，如限制大规模机械设备进入施工场地，最大限度保持地形的自然状态。

2. 自然植物景观

（1）植物选择　植物选择不仅要考虑植物的生态适应性和功能性，还应关注其美学效果、文化价值以及与当地环境的协调性。在设计中，科学合理的植物选择可以有效提升景观的生态价值，促进生物多样性，减少维护成本，并在可持续发展的框架下实现人与自然的和谐共生。

① 优先选择本土植物。本土植物通常与当地的气候、土壤和生态环境高度契合，能更好地适应自然环境的变化和挑战。因此，优先选择本土植物有助于减少维护工作和资源消耗，如灌溉和施肥。本土植物有助于维持和促进本地生物多样性，提供栖息地和食物来源，支持当地的动植物种群，保护生态系统的完整性。外来植物引入不当可能导致入侵性植物的扩散，威胁本地生物种群的生存。因此，在设计中应谨慎评估外来植物的引入，并优先使用本土植物。

② 注重植物的生态功能。通过选择根系发达的植物来防止水土流失，尤其是在坡地或水体边缘地带。草本、灌木及乔木都可以发挥根系固土的作用，同时提供美观的景观效果。在选择植物时，需考虑其对微气候的调节功能。高大乔木可以遮阳降温，减少热岛效应，灌木和地被植物能减少地表水分蒸发，调节空气湿度。某些植物具有净化空气和水体的功能，如柳树、芦苇等湿地植物可以吸收水中的有害物质，紫薇、樟树等树种能够有效吸收空气中的污染物。

③ 选择强耐受性与适应性的植物。对于干旱或盐碱地区，选择耐旱、耐盐碱的植物种类（如白蜡树、耐旱草本植物等），能够有效减少对水资源的依赖，实现节水型景观设计。在城市或工业区域，应选择抗污染能力强的植物，这些植物能够适应污染较为严重的环境，具有较强的净化功能。

④ 注重植物的美学与文化价值。选择不同季节具有观赏价值的植物，利用花期、叶色、果实和树形的变化，营造多彩的四季景观。例如，春季的樱花、秋季的银杏黄叶，都可以为景观增添季节性特色。在设计中，植物的形态也是美学设计的重点。可以选择不同形态的植物，如直立型、匍匐型、扇形或球形等，丰富景观的立体感和层次感。某些植物具有深厚的文化内涵和象征意义，如松树象征长寿、梅花象征坚韧、竹子象征正直，融入具有文化价值的植物，不仅增强了景观的美学效果，也赋予了景观更多的文化意义。

⑤ 注重植物的生态连通性。选择合适的植物，不仅要考虑其观赏性，还要考虑其为野生动物提供食物、栖息地和庇护所的功能。比如，选择为鸟类、昆虫提供花蜜、果实和筑巢空间的植物，有助于加强生态系统的连通性。在设计生态廊道时，选择具有高度适应性和生态连通性的植物，以便支持动植物的迁徙和扩散，保持生态系统的整体健康。

⑥ 注重植物的可持续性与低维护性。选择能在贫瘠土壤、极端气候等不利环境中生长

的植物，减少后期的养护和管理成本。比如，选择耐旱植物（如仙人掌、多肉植物等）用于旱地景观设计，能够有效降低用水需求。选择抗病虫害能力强的植物，能够有效减少对化学肥料和杀虫剂的依赖，减少对环境的负面影响，设计可持续的绿色景观。

⑦ 注重植物的混合搭配与功能互补。通过植物的混合搭配，创造更加多样的植物群落，既能增强景观的视觉层次感，又能提高景观的抗病能力，如乔灌草相结合的群落设计可以形成稳定的生态系统。通过选择功能互补的植物（如固氮植物与需肥植物搭配），可以优化土壤肥力，同时减少人工干预，增进植物群落的健康与持续性。

（2）植物景观设计　植物景观设计不仅是单纯的美学表达，更是多功能、多层次的设计。通过合理的植物选择与布局，景观可以实现遮阳降温、净化环境、提升美学体验、传递文化符号等多种功能。

① 植物的空间布局与层次设计。植物景观设计应充分考虑植物的垂直空间布局，形成乔木、灌木、地被植物的多层次组合。乔木形成顶层空间，提供遮阴和高度视觉效果；灌木层在中间层次，形成景观过渡；地被植物则覆盖底层，防止水土流失并美化地面。通过植物的高度、密度和种类的搭配，创造开敞与封闭的空间效果，增强空间的层次感和趣味性。例如，在广场等公共场所可以采用低矮植物保持空间的开敞感，而在私密花园中则使用高大的植物增加封闭感，创造私密性。在设计中，组团种植和孤植是常见的手法。组团种植即通过多个植物的聚集，形成植物群落的整体效果，而孤植则突出单一植物的特点，常用于强调特定的景观焦点或视觉引导。图 5-5～图 5-8 分别是由植物组合形成的开敞空间、半开敞空间、林下空间和封闭空间。

图 5-5　植物组合形成的开敞空间

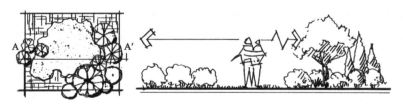

图 5-6　植物组合形成的半开敞空间

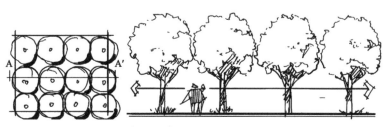

图 5-7　植物组合形成的林下空间

图 5-8　植物组合形成的封闭空间

② 植物的功能性设计。选择具有大树冠的乔木，可以为广场、步道或休息区提供遮阴环境，改善微气候，缓解夏季的热岛效应。植物通过蒸腾作用还可以调节局部空气湿度，提高环境舒适度。同时，植物还能作为自然屏障发挥作用，其可以减缓风速、阻挡噪声。例如，密植灌木带或乔木带可以有效减少城市道路或工业区的噪声污染，提高居民生活质量。此外，通过植物景观设计建立生态廊道，连接分隔的生态斑块，为野生动植物提供迁徙路径。植物景观不仅为人类服务，还应当考虑其对动物栖息地的贡献，形成完整的生态系统。

③ 植物的美学设计。植物的花期、叶色、果实和形态在不同季节会产生变化，通过合理设计，可以形成四季有景的动态景观。比如，春季的樱花、夏季的荷花、秋季的银杏和冬季的梅花，都能为不同季节的景观带来独特的色彩。植物的色彩设计不局限于花朵，还包括叶子、果实和树干的颜色。通过颜色的对比与和谐搭配，可以增强视觉吸引力。例如，紫叶李与常绿的松柏形成鲜明对比，创造强烈的视觉冲击；而绿色植物的不同色调则可以营造出和谐的景观氛围。植物的形态多种多样，通过形态的对比和组合，可以丰富景观的表现力。同时，植物的叶片质感（如光滑、粗糙、针状等）也能增强设计的层次感和视觉趣味。图5-9 呈现了不同形态植物的组合关系。

④ 植物与人文景观的融合。通过植物景观的设计，可表达特定的文化符号和历史意义。例如，在中国传统园林中常见的松、竹、梅，象征着坚韧和不屈不挠等美德，可以在现代景观中延续这一文化符号，提升景观的文化深度。设计时应考虑当地的文化背景和自然条件，利用具有地域特色的植物营造独特的景观风格。例如，在南方园林设计中，可以选用棕榈类植物和竹子，展现亚热带的地域特征；而在北方则选用耐寒植物，如松树、银杏，体现北方景观的韵味。在设计公共景观时，可以结合历史文化事件或区域特征，选择与之相关的植物。比如，在纪念公园里种植象征意义深厚的植物，增强场所的文化氛围和纪念价值。

⑤ 植物的生态设计。在水体景观设计中，应选择耐水湿的植物，如芦苇、香蒲、睡莲等。这些植物不仅具有美学价值，还能有效净化水体，过滤污染物，改善水质。湿地植物在雨水花园、海绵城市设计中也发挥着重要的生态功能。在干旱或半干旱地区，应选择耐旱、节水植物，降低景观的用水需求，如仙人掌、多肉、耐旱草种等。同时，设计时也应考虑雨水收集与利用，减少水资源浪费，实践可持续景观设计。此外，在退化或被破坏的生态环境中，可通过植物景观设计进行生态修复。选用抗逆性强、能够迅速恢复生态功能的植物种类，逐步修复土壤结构、促进生物多样性恢复。例如，河岸边的植被恢复可以防止水土流失，增强水体的自净能力。

⑥ 植物的互动与体验设计。设计中可以考虑植物景观的互动性，如在公园或校园设计中设置可供市民或学生参与的植物种植区，让人们直接参与到景观建设和维护中，提高公众的环保意识和社区凝聚力。通过设计专门的儿童植物园或教育性植物区，让孩子们通过近距

别墅植物景观设
计案例效果图

图 5-9 不同形态植物的组合

离观察和参与植物种植，学习植物知识，增强他们的环保意识和对自然的热爱。例如，可以
设置药用植物园或果树园，帮助孩子们了解植物的多样性与实用性。通过合理设计植物与步
道的关系，使得行人可以近距离接触植物，感受不同植物的形态、气味和质感。步道两侧的
植物可以通过色彩和香气，提供多感官的体验，丰富景观的吸引力。

（二）设计案例分析——某居住园区植物景观设计案例

1. 项目背景

该场地是一处居住园区楼侧绿地，原有场地地势总体平整。根据园区总体规划，项目场地无须进行其他活动功能区域设定，仅提供结合自然地形进行的自然植物景观设置即可。设计基础图纸参见图5-10。

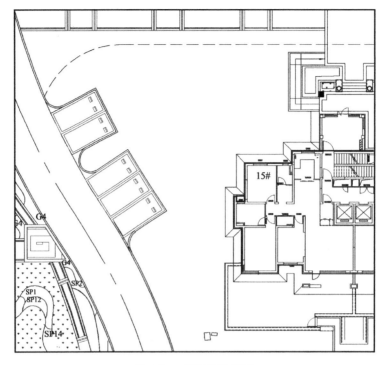

图 5-10　项目设计底图

2. 设计要求

①充分考虑周边环境，进行自然地形构建，并在自然地形的基础上进行自然形态植物配置；②植物配置中注意乔木、灌木、地被和草花的层次搭配；③植物景观营造过程中，充分考虑其与周边环境的协调性，注意场地空间的营造。

3. 方案解析

（1）方案布局　自然的地形布局搭配具有层次的自然植物配置，共同构成建筑转角方案结构，如图5-11所示。

（2）设计分析　这是一块楼侧的三角绿地。方案中，自然地形围绕建筑楼体布置。地形设计充分考虑了建筑与周边环境的高差、排水走向以及景观结构要求。而植物配置则是在这样的自然地形结构基础上进行的。植物配置首先从构建景观的乔木配置开始，沿着主要地形线走向布置，其中在地形的最高点附近布置种类不同的相对较大乔木，用以提升由地形促成的空间结构。乔木作为主要景观点确定好之后，进行亚乔和灌木的搭配。亚乔是较大乔木的配景结构，同大乔木共同构成场地的景观骨架。其下一层次种植的灌木则将连接由乔木构成的景观点，与乔木和亚乔木共同构成连续的景观面。再下一个层次是由地被植物，例如小叶黄杨篱、小叶丁香篱等形成的地被植物层。地被植物层次会以曲面形式呈现，并充分结合地形的形态特征构建。除此之外的绿地空间由草坪和草花组成。在园区内种植的植物一般会选择无飞絮、根系扩散较慢的树木，还要考虑减少容易引起人群过敏的植物。在北方地区主要乔木推荐种类有海棠、梓树、栾树、暴马丁香、元宝槭、五角枫等，常绿的树木推荐红皮云

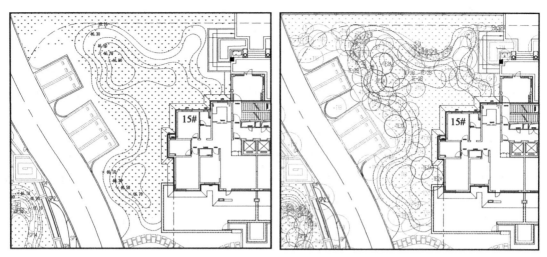

图 5-11 地形设计与植物种植设计施工图

杉、桧柏等，灌木可采用丁香、李枝、红叶李球、五角枫球、元宝槭球、小叶黄杨球等，地被植物一般采用小叶黄杨、小叶丁香、紫叶小檗、红叶李等。

二、自然水体景观设计

（一）设计关注要点

自然水体景观设计应结合生态功能、美学效果以及技术应用等方面进行理解。水体景观营造可提升环境质量、优化生态效益，并实现可持续发展。

1. 基于水体功能的生态水景设计

水体的功能是生态水景设计的核心内容之一，涵盖了水质净化、生态修复、雨水管理以及水文调节等多个方面。

（1）水质净化与自净能力 水体在自然环境中具备自我净化的能力，这一功能可以通过科学设计进一步增强。在自然水体景观设计中，通常利用水生植物和微生物来净化水质，减少污染物的积累。通过建造人工湿地或恢复自然湿地，利用湿地植物（如芦苇、香蒲、睡莲等）吸收水体中的氮、磷等营养物质，同时利用微生物分解有机污染物，达到自然净化的目的。在水体中设置生态浮床，植物的根系悬浮在水中，通过吸收水中的营养物质，进一步净化水质。这种设计不仅具有净化功能，还增加了水体的美观和多样性。此外，还可在水体中引入适宜的水生动物（如鱼类、贝类），其可以通过摄食或滤食作用清理水体中的有机污染物，增强水质的自净能力。

（2）水循环与水文系统 水体景观设计需要与区域的水文系统相结合，优化水的循环利用，减少水资源浪费，并最大限度地发挥水体的功能性。有效的水循环设计可以确保水体在景观中的持续性和生态稳定性。通过设计雨水花园、渗透池和生物滞留区等设施，收集并净化雨水，将其导入水体或地下水系统，实现雨水的自然循环和利用。这种设计可减少地表径流，降低洪水风险，并为干旱季节提供备用水源。通过运用透水铺装材料、植被引导和微地形处理等手段，可鼓励雨水自然下渗，减少对人工排水设施的依赖，增强水体与周边土壤的互动，使其在水文循环中发挥更积极的作用。

（3）雨水调蓄与水文调节　水体景观不仅能美化区域环境，还可作为区域内重要的水资源调节器。在雨季，水体可以储存过量的雨水，减轻排水系统的负担，防止内涝；在干旱季节，水体则可以作为调蓄水源，缓解水资源短缺的状况。通过设计具有调蓄功能的水体，如景观湖泊、蓄水池等，在汛期时储存雨水，防止内涝；旱季时，这些水体可以作为水源，为景观灌溉或其他用途供水，减少对外部水源的依赖。在设计大规模水体时，可以将水体分为不同的水位区，并配置相应的调蓄设施，以便水体能够在不同水量条件下充分发挥功能。例如，遭遇洪水时，水体可以通过泄洪渠调节水位，而在干旱季节保持较低水位以节约水源。通过低影响开发（LID）技术，如透水铺装、植草沟等，减少地表径流，将雨水引导至自然水体或滞留设施中，有效调节城市或区域的水文系统，减少极端天气对水体的影响。

（4）景观与生态效益的结合　水体不仅能为景观带来美学价值，还能增强生态效益。例如，通过设计一系列小型的水体如溪流、池塘、湖泊，可以模仿自然水文过程，在美化环境的同时支持生态系统的多样性。通过设计静态水体（如湖泊、池塘）和动态水体（如溪流、瀑布），可以增强景观的视觉效果和生态效益。静态水体为水生生物提供平静的栖息环境，而动态水体则为水体提供氧气、促进水的流动，减少富营养化问题。通过多样化的水体形态设计，如不同水深区、湿地、浅滩等，可增加水体的生态服务功能，促进水体与周边陆地的生态互动，为动植物提供丰富的生境。

（5）生物栖息地功能　水体不仅为植物提供生长空间，也为各种水生动物和两栖动物提供栖息地。因此，在水体设计中，除了考虑美学和功能性外，还需注重生态系统的完整性和连通性。设计中应选择多样化的水生植物，包括沉水植物、挺水植物和浮水植物，以丰富水体的植物层次，提供多样化的栖息环境。沉水植物可以为水生生物提供隐蔽和觅食的场所，浮水植物则能为水生鸟类、昆虫等提供栖息点。通过合理配置水体及其周边的植被，形成生态廊道，可促进野生动植物的迁徙和栖息。例如，通过水体连接不同的生态区块，支持动植物的生存与繁殖，保持生态系统的健康。设置水边的缓坡、石块、植被带等，让小型动物（如两栖类、鸟类）方便地进出水体，利用水体作为栖息和觅食场所，增强水体的生态效益。

大伙房水库生态
湿地保护区景观
设计案例解析

2. 生态水岸设计

生态水岸设计旨在通过自然化的岸线处理，增强水体与周边陆地的生态联系，优化水体的美学与功能性，并为动植物提供栖息地。在现代水岸设计中，生态驳岸替代了传统的硬质驳岸，以更加自然、可持续的方式处理水体与陆地的交界，减少了对环境的负面影响。

（1）水土保持与岸线防护　选择适应水环境的植物（如柳树、杨树、湿地草本植物等），利用其发达的根系对岸线进行加固，防止水土流失，减少侵蚀。植物根系的生长不仅能稳定土壤，还能吸收水体中的多余营养物质，防止富营养化现象的发生。通过植被带或石材带，形成自然的障碍，可减缓水流对岸线的冲刷。尤其是在水流较急的河道或潮汐变化明显的海岸，利用自然障碍物可以有效减少岸线的侵蚀，保护周边生态环境。

（2）自然化岸线设计　自然水体的岸线通常呈现曲线形态，富有变化和层次感。相比于传统的直线型硬质驳岸，曲线化的岸线更加符合自然水文特点，能够为水体及周围生物提供更丰富的栖息空间。曲线化设计不仅增强了视觉的美观性，还能有效减少水流对岸线的冲刷。在设计中应采用多样化的岸线形态，如浅滩、缓坡、湿地带、植被带等，形成不同的水深和水陆过渡区域。这种设计方式既能增加岸线的生态多样性，又能提升水岸的景观效果，使其更具生态和审美价值。通过设计缓坡岸线，可确保水陆交界处的自然过渡。相比于传统的垂直岸线设计，缓坡式水岸更符合生态需求，有利于植物根系固土，也为水生动物和陆生动物提供了更方便的通道。实际上，自然化的岸线设计并不是现代景观细化产物，中国古代的私家宅园水体景观设计中早就蕴含了大量的自然化设计构思，如图 5-12 和图 5-13 所示，网师园和瞻园的水体设计可作为自然化水体景观蓝本，进行灵活变化，完全符合现代景观设计思路。

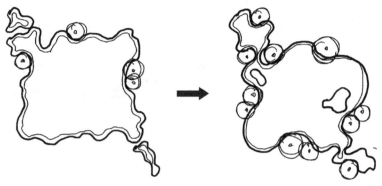

图 5-12　网师园水体形式的现代自然化演变

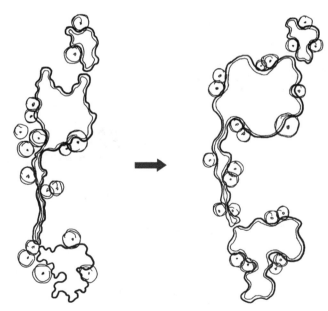

图 5-13　瞻园水体形式的现代自然化演变

（3）生态驳岸设计　植物驳岸是生态水岸设计中最常见的类型之一，利用水生植物和湿地植被来稳定岸线，可防止水土流失。挺水植物（如香蒲、芦苇等）和湿地植物（如水葱）能够有效吸收水中的营养物质，净化水质，同时其根系有助于固定土壤，增强岸线的稳定性。使用自然石材进行岸线设计，是生态驳岸中的另一重要手法。自然石材驳岸能够减少硬质材料的使用，并为微生物和小型水生生物提供栖息空间。石材之间的缝隙可以为鱼类和小动物提供庇护场所，形成丰富的生态系统。在一些特殊情况下，可以结合植物和石材进行混合驳岸设计。将植物和石材结合，既保证了岸线的生态功能，又增强了其稳定性。这种设计适用于较为陡峭的岸坡，能够起到保护和生态恢复的双重作用。图 5-14 中方案多用于岸坡较缓且土质不稳定的区域的驳岸，在河岸植被形成前，需要用稻草等生物材料来保护岸坡；而图 5-15 中的这种驳岸通常采用石笼、天然石材等进行固定，以增强抗洪能力，一般运用在较陡的岸坡。

图 5-14 较缓岸坡的自然生态驳岸设计

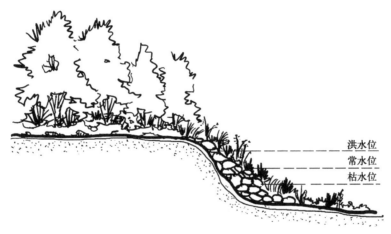

图 5-15 较陡岸坡的自然生态驳岸设计

（4）生物栖息地的构建　在水岸设计中，通过设计湿地或浅滩区，为水生植物、水鸟、两栖动物等提供丰富的栖息空间。湿地不仅具有净化水质的功能，还能为许多珍稀生物提供生境，提高生物多样性。水岸作为水体与陆地的过渡地带，可以通过植被廊道连接分隔的栖息地，为动物的迁徙提供通道。例如，通过设计连通河流和森林的生态廊道，保护野生动物的迁徙路径，维持生态连通性。在水岸设计中，采用乔木、灌木、地被植物等多层次的植被组合，不仅能美化景观，还能为不同生物提供不同层次的栖息和觅食空间。例如，地被植物为水生生物提供遮蔽，灌木则为鸟类提供栖息地，乔木为大型动物提供庇护。

（5）生态水岸的可持续性设计　在水岸设计中，尽量使用自然材料，如木材、石材、土壤等，减少人工材料的使用，确保景观的可持续性。这些材料不仅与自然环境融合度高，还能为微生物和小型动物提供栖息环境，支持生物链的稳定。传统的水岸设计往往依赖混凝土等硬质材料，这些材料会阻断水体与周围环境的自然循环。而生态水岸设计则提倡减少硬化处理，代之以透水性材料、植物或自然石材，增强岸线与水体的互动，使其具备更好的生态功能和环境适应性。通过选择适应性强的植物和自然材料，可减少水岸景观的后期维护需求。这种设计既减少了人工干预，也降低了长期维护的成本，符合可持续发展的要求。

（6）雨水管理与防洪功能　在生态水岸设计中，应结合海绵城市理念，通过水岸植被、透水性铺装、植草沟等设计，促进雨水自然渗透，减少径流压力，防止城市洪涝问题。这些设计手段不仅能改善岸线环境，还能有效管理雨水和洪水。通过水岸设计增加岸边湿地或蓄水区，可帮助调节水体水位，特别是在洪水季节时，这些区域可以暂时存储多余的水量，减缓洪水冲击，保护周围环境和基础设施。

3. 人水互动性设计

人水互动性设计是水体景观设计中的重要组成部分，旨在通过合理的设计手法，促进人与水体的互动，为公众提供亲水体验的机会，同时确保设计的安全性、生态功能和美学效果。

（1）亲水空间的设计　通过在水体旁边设置步道或栈桥，拉近人与水体的距离，让人们可以近距离接触水面。这种设计不仅提升了景观的可达性，还增加了亲水体验的乐趣。栈桥可以延伸至水体内部，提供观景点，同时还能减少对岸边植被的干扰。在水体周围设计观景平台或亲水台阶，提供公共休闲的空间，让人们能够放松观赏水景。台阶设计时，可以通过阶梯的高低变化，营造层次感，并为儿童和老人提供舒适的坐卧空间，同时确保水位变化时平台的安全性。在公园或城市广场的水体设计中，加入一些互动水景元素，如喷泉、浅水池、戏水区等，吸引人们参与其中，尤其是儿童。这些区域不仅可以增加景观的趣味性，还能为社区提供娱乐和社交的场所。

（2）安全性与舒适性设计　在亲水区域，尤其是步道、台阶和栈桥等设施附近，需要特别关注安全性。应设计防滑表面和适当高度的护栏，确保行人在潮湿环境中行走的安全。护栏设计要兼具安全性与美观性，可以选用木材、钢材或玻璃等材料，与水体景观风格相融合。需考虑水位在不同季节或天气下的变化，设计中要确保亲水设施不会被水淹没或因水位过低失去功能。例如，在亲水平台的设计中，应确保其高度能够适应季节性水位波动，同时要考虑设施的防洪能力。设计时应考虑不同年龄段和人群的使用需求，提供多样化的亲水空间。例如，设计浅水区供儿童戏水，设置遮阳休息区供老人观赏，同时考虑无障碍设施，以便轮椅使用者也能观赏水体景观。

（3）水景与公共空间的融合　水体设计应充分考虑其作为公共空间的重要功能。广场喷泉、湖边步道等亲水设施不仅是景观的组成部分，也是社交和活动的中心。通过合理的设施布局，水体空间可以成为人们聚集、休闲和交流的场所，增强社区凝聚力。在亲水设计中，可以融入当地的文化活动或节庆庆典。例如，利用水体空间进行传统的水上表演、灯会、龙舟比赛等，增强人们对水体的文化归属感和参与感。这些活动不仅增加了水体的使用功能，还能提升景观的文化内涵。在城市水体景观设计中，水景广场可以成为社区的活动中心，可设计带有喷水设施的开放广场，在日常状态下作为景观元素，而在特殊节日或夏季时则可以开放为戏水区，供人们互动。

（4）体验性与教育性的结合　可通过设计生态栈道、湿地体验区等设施，让人们在亲水的同时学习水体生态系统的相关知识。例如，设计栈桥穿过湿地区域，沿途设置解说牌，介绍水生植物、动物以及水循环的过程，这样的设计不仅丰富了亲水体验，还能增强公众的环保意识。还可为学生和家庭设计一些互动性强的设施，如水质监测体验区、生态净化展示区等，让人们通过亲自参与的方式，了解水体的净化功能和生态修复过程。例如，在湿地景观中设置观鸟平台，鼓励人们观察水生动植物，了解它们的栖息习性和生态功能。此外，儿童戏水区不仅可以供娱乐，还可以与环保教育相结合。例如，设计"水循环"主题的儿童互动区，通过水流装置展示雨水从收集到排放的过程，让孩子们在玩耍的同时理解水资源的重要性。

（5）生态保护与景观结合　在人水互动设计中，应特别注意保护生态敏感区域，如湿地、水鸟栖息地等。通过设计有限的栈道或观景平台，控制人流的影响，同时提供有限但富有意义的接触体验，这样既能保护环境，又能让人们感受自然的魅力。结合水体周边的植被设计，可以增强人与自然的互动。例如，通过设计多样化的水生和岸边植物，营造郁郁葱葱的亲水区域，让人们可以近距离接触植物的叶片、花朵和果实，增强身临其境的感受。此外，利用植物的遮阴功能，还能为亲水区提供自然的阴凉环境。

（6）季节性水景设计　亲水设计中应充分考虑水体在不同季节的变化。例如，冬季水位较低或结冰时，可以设计冰雪活动区域，春夏季则开放戏水设施，满足不同季节的亲水需求。此外，在特定季节或节日，通过设置浮动平台、临时喷泉等临时性亲水活动区域，为公众提供短期的互动体验。这种设计不仅可以丰富水体的使用功能，还能增加公共空间的活力。

（7）多感官体验设计　通过设计喷泉、瀑布、溪流等水体景观，可以增强视觉和听觉上的体验。水流的动态变化和声音能够带来镇静、放松的效果，从而提升人们的身心感受。此外，可以设计一些人们可以直接触摸水体的区域，如浅水池、细水流等，让人们通过触觉与水体互动，感受水流的凉爽和质感，增加亲水体验的趣味性。通过植物配置和水体环境的设计，引入具有香味的水生植物，如水薄荷、香蒲等，还能增强嗅觉上的愉悦感。最后，在水体周边设计户外餐饮区域，将水体景观与味觉体验结合，进一步提升整体的感官体验。

（二）设计案例分析——长春水文化生态园下沉雨水花园

1. 项目概况

长春水文化生态园坐落在吉林省长春市，西临亚泰大街，南邻净水路，东至东岭南街。下沉雨水花园位于长春水文化生态园的西侧，原为长春市第一净水厂的第一沉淀池。随着水文化园整体规划改造，原净水厂的沉淀池作为场地内的雨水沉积区，承担起了雨水花园的功能。选择样地情况参见图 5-16。

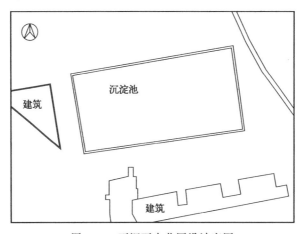

图 5-16　下沉雨水花园设计底图

2. 设计要求

① 保留场地内沉淀池的主体结构，结合公园的道路系统及景观视觉要求进行功能化改造；

② 保护场地内自然植物群落形态，并结合雨水花园要求对水池边界进行统一改造；

③ 保留场地内原有工业文化符号特征，并进行二次改造性设计。

3. 方案解析

（1）方案布局　方案通过折线道路打破原有规则水体岸线形式，边界的不规则增加了场地空间的灵活度，让原有呆板的形式变得活泼。另外，植物随着道路线形的改变出现错落，这种借助景观元素改变原有直线条的形式，在园林设计中经常会用到（图 5-17）。

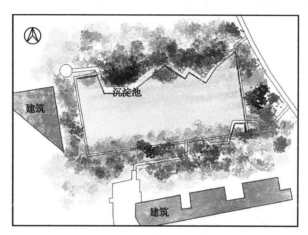

长春水文化生态园
平面与实景图

图 5-17　下沉雨水花园方案平面图

（2）设计分析　在原厂址中，作为沉淀池，共有两处集中蓄水区域。生态化改造后，这两块区域均按照场地内"雨水花园"的功能定位进行改造。本案例主要对第一处蓄水池改造情况进行分析。原有第一沉淀池周边环境简单，由于闲置一段时间，规整的沉淀池周边植物生长繁茂，主要为杂木和杂草。改造后的下沉雨水花园除了要继续满足区域蓄水功能外，还要借助植物环境营建，满足净化雨水、收集雨水的功能；所在区域还要通过植物群落构建，为鸟类、蝶类、鱼类等动物提供栖息地和庇护所，丰富区域的生物多样性；还要通过生态化的道路营建，为游客提供近距离与自然环境互动的机会。由于原厂地沉淀池岸线不会做更大尺度的改造，因此，方案通过改造水体边道路形态，与水池边界形成忽远忽近、转折变化的结构。同时，改造水底结构，在水池中增加水生植物种植，丰富水岸层次结构，使得周边雨水进入水池中增加过滤和沉淀过程，进一步净化水体。原有的沉淀池在生态园的总体规划体系中焕发生机，提供了人与自然互动的更多可能。

**练习
习题**

1. 对本节案例进行深入解析，并形成分析报告。

2. 独立进行方案设计，形成设计文案。

第三节　传承与创新融合思想导引下的文化景观设计专题

 思想导航

（1）增强文化自信与认同　结合实际案例引导学生深入理解中华优秀传统文化的价值，树立文化自信。

（2）培养创新思维与融合意识　通过探讨创新设计理念与传统元素结合的案例，启发学生思考传统与现代、民族与世界文化的融合。

（3）树立开放与包容的文化视野　通过中外文化景观设计的对比分析，帮助学生形成包容的文化视野，尊重文化多样性。

一、文化街区景观设计

（一）设计关注要点

文化街区景观设计作为文化传承和现代城市发展相结合的设计形式，强调历史文化保护与现代功能需求的融合。

1. 文化背景与历史脉络的延续

文化背景与历史脉络的延续是文化街区景观设计中的重要原则，旨在通过景观设计延续街区的独特历史和文化基因，在保护历史遗存的同时，让其融入现代城市生活。这一原则不仅关注外在的文化符号和建筑形式，更强调对街区背后历史发展脉络和文化精神的传承。

（1）尊重历史遗产和空间结构　在设计中，必须尊重街区的历史布局、建筑风格和整体空间结构，使其原有的历史风貌得到保留，避免过度改造或重塑。例如，历史街道、广场的空间格局应尽量保持原样，通过修复和更新使这些区域焕发新生，而不是彻底改变。对于保存完好的历史建筑或遗址，应当优先考虑修缮和保护，使其适应现代需求的同时，确保其历史意义不被抹杀。

（2）延续街区的文化标志和记忆　文化街区往往具有标志性建筑、雕塑或文化符号，承载着特定的历史记忆和文化价值。在设计中应当保留或复原这些文化标志，通过景观元素进一步强化它们在街区文化脉络中的重要地位。例如，某些街区可能包括具有象征意义的地标建筑、历史事件纪念碑或特定的文化活动场所，应通过景观设计手段，如路径引导、空间布局和视线控制，让这些元素成为街区的视觉和文化焦点。

（3）结合现代设计，赋予历史街区新的生命力　文化街区不仅是历史的见证者，也是现代生活的一部分。在保留历史的基础上，需要考虑如何通过现代景观设计手法，使街区适应现代人的生活方式和需求。可以通过公共空间的改造、步行系统的优化、绿化提升等方式，让历史街区在保持文化脉络的同时，具备更强的实用性和互动性。

（4）讲述街区的历史故事　应利用各种景观元素讲述街区的历史故事，使游客从中感知到文化的厚重感。例如，通过雕塑、浮雕、壁画等艺术形式，展示该区域的重要历史事件或人物；也可以在街区的关键节点设置历史信息展示板，讲解街区的历史背景。这种历史故事的讲述方式不仅限于视觉艺术，也可以通过多媒体手段、互动装置、声音导览等多感官的体验方式，让历史文化以更加生动的形式呈现在人们面前。

2. 地域文化特色的表达

通过景观设计突出地方独特的文化特征，增强街区的文化识别度和归属感。这一设计要素强调将地方特有的文化符号、建筑形式、自然景观和生活方式融入街区的整体规划中，使景观设计既有审美性，又有文化深度和在地性。

（1）反映地方建筑风格　地域文化特色通常通过建筑风格得以体现。每个地区都有其独特的建筑形式，如中式四合院、江南的枕水人家或东南亚的竹木结构等。这些建筑风格不仅是当地历史和文化的象征，还反映了当地的自然条件和社会结构。在设计中，应当保留或复原具有代表性的地方建筑，或在现代设计中融入传统建筑的元素，使街区在外观上能够传递出浓厚的地方文化氛围。

（2）融合当地的传统艺术与工艺　每个地区的文化特色还体现在其传统的艺术和工艺中。文化街区景观设计可以通过雕塑、壁画、装饰物等艺术形式，表现当地的艺术风格和工艺技艺。

（3）运用本地植物和自然景观元素　地域文化往往与当地的自然环境紧密相关。景观设计中应考虑使用本地特有的植物品种，以反映该地区的自然特征。不同地区的气候、地形和生态系统会形成独特的植物景观。此外，自然景观如河流、山丘、湖泊等在设计中也应得到充分利用，反映当地的自然地理条件，这不仅有助于增强文化街区的在地性，还能创造一个与自然和谐共存的空间。

（4）展现地方的生活方式与民俗文化　地域文化不只是体现在建筑和艺术上，还包括当地独特的生活方式和民俗活动。在景观设计中，可以通过规划公共活动空间、市场、节庆广场等，展示当地居民的日常生活方式。通过为这些文化活动和传统习俗提供场所，使得文化街区不仅是一个观光地，更会成为当地文化生活的重要部分，同时也能增强居民和游客的互动感和参与感。

（5）结合地方历史事件和传说　地域文化常常与特定的历史事件、民间故事或地方传说紧密相连。景观设计可以通过叙事性的手法展现这些内容，将街区设计成一个具有故事性的空间。同时，这种设计还可以激发游客的好奇心，从而促进文化旅游的发展，增强街区的文化吸引力。

（6）强化地方语言与符号的应用　地方语言和文字是地域文化的一部分，可以通过标识系统、导览牌和宣传材料的设计，强化地方语言的使用。例如，街区中的路牌、店铺标志和文化解说牌可以使用当地的语言或文字，增加街区的文化身份感。在设计中也可以使用地方特有的文化符号。

3. 人文活动与生活方式的融入

文化街区不仅是文化展示的空间，也是市民日常生活的场所。设计应注重为居民和游客提供丰富的公共活动空间，如文化广场、步行街、艺术展览区域等，使人们能够在休闲娱乐的同时体验文化氛围。活动场景可以结合街区的传统节庆、民俗活动等进行设计，创造互动空间。

（1）设计多功能的公共活动空间　文化街区设计中应设置多功能的公共活动空间，如广场、公园、步行街等，以支持多样化的日常活动。这些空间不仅能为居民和游客提供休闲、聚会和交流的场所，还可以成为承载文化活动和庆典的舞台。

（2）结合当地传统节庆和民俗活动　地域文化的丰富性往往通过传统节庆和民俗活动得以体现。在设计中，可以为这些传统节日和民俗活动预留合适的场地，创造一个能够融入当地文化的空间。

（3）提升街区的互动性与参与感　景观设计应注重互动性，让人们能够主动参与到街区的文化体验中。通过与景观互动，人们可以更深入地感知和体验当地文化。此外，还可以引入现代科技手段，如增强现实（AR）、虚拟现实（VR）技术，通过数字化方式让参观者与文化场景进行互动，增强文化体验的沉浸感。

（4）支持市民日常生活需求　在融入人文活动的同时，设计还应关注街区居民的日常生活需求。便捷的基础设施可以提高居民的生活质量，使街区不仅适合游客参观，也能满足居民日常活动的需要。同时，还应提供日常生活的便利设施，如公共卫生间、饮水点、遮阳棚等，使街区更加宜居，兼具文化和生活功能。

（5）结合市场与商业活动　文化街区往往也是商业活动的重要场所，商业活动是展示当地生活方式的一个窗口。在设计中可以结合市场、露天集市、特色小店等商业形式，通过保留和发展具有当地特色的传统手工艺品、食品和纪念品商店，使商业活动成为街区文化的一部分。设计可以通过打造步行街、夜市等方式，展现地方的经济和文化活力，吸引游客和居民参与到丰富的商业活动中，同时推动当地经济的发展。

（6）打造社交和文化交流的空间　社交活动是人文活动的核心，在景观设计中应创造促进人们互动和交流的场所，这样的设计不仅能为居民提供一个舒适的生活环境，也能够让游客更加深入地体验和融入当地文化。社交空间还可以作为文化交流的平台，承办讲座、工作坊、艺术沙龙等文化活动，提升街区的文化参与感。

（7）塑造街区的独特文化氛围　可为街区塑造独特的文化氛围，使其成为一个充满人文气息的场所。例如，通过音乐、灯光、雕塑等元素，营造独具地方特色的场所，让人们在街区中感受到浓厚的文化氛围和生活气息。音乐表演区或街头艺术表演场所可以成为街区的亮点，其可赋予街区文化活力，吸引更多游客和市民参与其中。

4. 现代设施与历史环境的协调

虽然文化街区需要突出文化和历史价值，但也需要满足现代生活的功能需求。设计中要妥善处理历史元素与现代设施的融合。在功能设计上，可以引入智能化设施，让参观者能够通过现代科技更好地理解和体验历史文化。

（1）尊重历史环境的整体性　现代设施的引入应充分尊重街区的历史布局、建筑风格和文化特质，避免与历史环境产生突兀的视觉或功能冲突。在设计过程中，要保持街区的空间比例、尺度和风格的协调，避免过度现代化的设施破坏历史街区的整体性。

（2）低调的现代技术融入　现代科技手段可以极大地提升街区的便捷性和功能性，但这些技术的应用应尽量做到"隐形"，避免过度干扰历史环境的视觉体验。智能导览系统、信息屏幕等现代化信息展示手段可以通过低调的设计或位置设置而不显突兀，例如可以融入建筑物内部或绿化带中，避免破坏街区的历史氛围。

（3）保留传统建筑的历史功能　在现代设施的引入过程中，要尽量保留传统建筑的历史功能，同时满足现代需求。例如，历史建筑可以通过功能性的改造，在不改变其外观和历史特质的前提下，实现现代用途的延展。

（4）材料与工艺的选择　现代设施在选择材料和工艺时，应当考虑与历史环境的协调性。例如，现代设施可以使用具有历史感的材质，如石材、木材或金属，避免过于现代化或闪亮的材质破坏历史街区的古朴氛围。施工工艺上也应注重与历史工艺相呼应，如在铺设街道、修复建筑时，尽量采用传统的手工艺技术，或模仿传统工艺，使现代设施和设计能够自然地融入历史环境中。

（5）公共设施的隐蔽设计　现代街区需要提供诸如交通设施、垃圾处理设施、公共卫生间等功能性基础设施，但这些设施的设计和位置应尽量隐蔽，避免与历史景观产生冲突。

（6）现代照明与历史氛围的协调　照明系统是现代设施中不可或缺的一部分，夜间照明既要满足功能需求，又要与历史街区的文化氛围相协调。现代照明设计应避免过于强烈或华丽的灯光效果，而是通过柔和的光线、隐藏式光源来营造出温馨、低调的历史氛围。在选择灯具时，应尽量采用具有古典风格的灯具设计，与历史建筑的风格保持一致。光源的颜色和亮度也应与街区的整体风貌相匹配，避免过度现代化的光污染影响街区的历史感。

（7）可持续性与历史保护的结合　现代设施的引入还应考虑可持续发展的要求。例如，可以通过植被覆盖、雨水收集系统、太阳能发电等绿色技术，与街区的自然环境和历史建筑和谐共存，提升街区的环境质量。可持续设施的设计应当与街区的历史风貌相一致。例如，太阳能板可以被隐藏在建筑物屋顶或绿地中，而雨水回收系统可以巧妙地融入历史建筑的排水系统中。

（8）适度创新，保持功能与文化的平衡　在保持历史环境的基础上，现代设施的设计也可以进行适度创新，通过巧妙的设计解决历史与现代需求的冲突。例如，可以通过新旧对比的方式，将现代化的元素与历史元素进行有机结合，使街区在保持历史感的同时，具备强烈的设计感和现代性。这种创新设计应始终保持对历史的尊重，通过设计手法突出历史文化的价值，而不是削弱其存在感。

5. 文化标志与艺术元素的应用

街区中的景观设计应善用文化标志和艺术元素，通过雕塑、壁画、地面装饰等表达该区域的文化内涵。特别是以具象或抽象的方式呈现当地历史人物、文化事件，展示传统工艺等，使文化符号成为街区景观的一部分。设计师可以与当地艺术家合作，在街区中融入当代艺术创作，使文化街区成为艺术与历史的交汇点，增加文化互动与增强艺术体验。

（1）文化标志的选择与表达　文化标志可以是当地特有的符号、图案、历史事件、名人雕像或具有象征意义的建筑物。这些标志承载了当地的文化记忆和集体认同，是文化街区的重要组成部分。例如，某一地区的历史名人或特定文化符号（如图腾、传统纹样）可以通过雕塑、壁画等形式在街区中呈现，增强文化氛围。设计中的文化标志应与地方历史、文化背景紧密结合。设计时应确保这些标志能够有效传递当地的文化信息，并通过符号的独特性吸引参观者的注意。

（2）艺术元素的多样化呈现　艺术元素是提升文化街区视觉层次的重要手段，能够通过雕塑、壁画、装置艺术等形式使街区充满文化活力。这些艺术作品可以由本地艺术家创作，体现地方文化的独特性，并通过其审美价值为街区增添艺术气息。现代景观设计中的艺术元素不再只是被动的观赏对象，其设置还鼓励参观者参与和互动。现代景观设计让人们在感知艺术的过程中，更加深入地了解当地文化，增强了其与环境的情感连接。

（3）文化标志与街区整体风格的协调　文化标志和艺术元素应与街区的整体风格和历史文化氛围相协调，避免突兀或不和谐的元素出现。设计时应考虑标志的材质、颜色和形式是否与周围的历史建筑和街区特色相契合。文化标志的位置和空间布局应当经过精心设计，以便在人们的游览动线上形成自然的文化体验。

（4）讲述文化故事的艺术手法　艺术元素可以通过叙事的方式讲述街区的文化故事，将历史事件、民间传说或文化符号转化为视觉艺术。文化标志和艺术作品可以通过分层展示的方式增强文化的层次感。设计中可以从宏观到微观，多层次地展现文化内容。例如，街道两旁的路灯、座椅或栏杆上可以设计地方特有的纹样或文化符号，使文化标志不只停留在大型雕塑和建筑上，而是渗透到街区的每一个细节。

（5）文化活动与艺术展示的结合　除了静态的雕塑和装置艺术外，动态的艺术表现形式也可以增强街区的文化活力。例如，文化节庆期间可以引入临时艺术展、街头表演或互动装置，丰富街区的文化氛围。这样的动态艺术展示不仅能让游客感受到地方文化的活力，还能够促进艺术创作与公众的互动。文化标志与艺术元素的设计可以结合社区的参与，鼓励居民参与到街区艺术创作中。

（6）数字化与现代技术的运用　借助现代技术，文化标志和艺术元素可以以数字化的形式呈现，增强文化展示的互动性和趣味性。例如，增强现实（AR）技术可以让游客通过手机或平板设备扫描街区的标志物，获得有关历史文化的详细信息或虚拟展示，使文化体验更加丰富多样。另外，通过投影、灯光、声音等新媒体艺术形式，也可以为文化街区营造独特的艺术氛围。

6. 步行系统与开放空间的规划

文化街区通常具有较多的步行空间，设计中应特别注意步行系统的合理规划，以创造舒适的游览和生活环境。步行路径可以结合文化景观节点进行设计，确保参观者在漫步中自然地体验和感知街区的文化特色。开放空间如街角公园、小型广场等，其既可以作为社交和休憩场所，也可以作为展示街区文化的空间。设计中应注重这些空间的开放性和人本化，使其成为社区互动和文化活动的核心区域。

（1）步行系统的合理布局　步行系统的设计应与街区整体的交通体系无缝对接，确保步行路径与主要街道、公共交通站点和停车场等区域顺畅连接。设计时要优先考虑步行者的便利性，旨在使游客能够轻松进入街区并快速找到主要的文化节点。步行系统应具备连贯性，避免中断或复杂的路径。主路径可以通过街区的文化核心区域，提供丰富的观赏和互动机会；而次要路径可以通往相对安静的开放空间或绿化带，供人们休息和放松。这样既能满足游客对文化体验的需求，又能提供放松的休憩空间。

（2）人本化的步行体验　为提高步行系统的舒适度，设计时应考虑天气变化和步行者的需求。例如，在步行道两侧种植树木或搭建遮阳棚，提供良好的遮阴和避雨条件；在路径两旁设置足够的座椅、饮水点和休息区，确保步行者能够享受舒适的步行体验。步行系统还应考虑无障碍设计，确保老年人、儿童及残障人士能够顺利通行。路径应尽量平坦、宽敞，避免过多的台阶或障碍，并为轮椅、婴儿车等提供方便的通行通道。无障碍设计不仅是对功能上的要求，也是提升街区包容性和社会公平的重要体现。

（3）开放空间的多样性　开放空间在文化街区中应包含大型公共广场或集会场所，可作为节庆活动、文化表演或集市的主要场地。广场可以成为文化街区的中心，具有社交、娱乐、表演等多种功能，是展示地方文化和历史的核心区域。开放空间还可以设计成社区公园或绿地，供居民和游客休憩、散步或锻炼。这些绿化空间不仅能提升街区的环境质量，还能通过植被和自然景观的设计，增强街区的生态效益。公园中可以配备儿童游乐设施、健身器材等，满足不同年龄段人群的需求，使街区更加宜居。

（4）文化节点与休憩空间的结合　开放空间可以与街区中的文化节点结合，成为展示地方文化和历史的场所。例如，在广场或公园中设置雕塑、艺术装置、历史纪念碑等，供人们驻足观赏和互动，让开放空间成为文化传播的有力载体。开放空间的设计还应兼顾休憩功能，为游客和居民提供足够的休息场所。

（5）步行系统与开放空间的连续性　步行系统与开放空间的设计应保持连续性，避免割裂或孤立的空间感。步行路径可以自然地过渡到开放空间，使人们在行走的过程中自然地进入广场、公园等开放区域，不需要频繁绕行或通过狭窄的通道。步行系统与开放空间的结合可以通过"节点化"的设计实现，即在主要步行路径的关键节点设计开放空间或广场，形成空间上的分区和功能上的多样性，使步行系统不再只是通行工具，而是文化展示、交流互动的网络。

（6）景观与步行系统的融合　步行路径可以通过景观设计与街区环境自然融合，例如在路径旁设计绿化带、花坛或小型水景，增加步行过程中的视觉体验。设计时还可以通过艺术装置、文化符号等提升步行系统的文化氛围，增强街区的文化属性。步行系统可以经过街区的动态景观（如喷泉、广场表演）和静态景观（如雕塑、绿地），使人们在步行过程中既能获得丰富的文化体验，也能在合适的地点享受片刻的宁静和自然之美。

（7）步行系统与可持续性设计　在规划步行系统时，应注重可持续性设计。例如，采用透水性铺装材料，减少雨水径流，保护水资源；利用本地植物进行绿化，减少维护成本并保护生态环境。可持续性设计不仅能提升步行系统的环保性能，还能改善街区的整体环境质量。在开放空间中可以引入节能设施，例如太阳能灯、环保座椅等，使街区的步行系统与开放空间更加绿色环保。这不仅能够减少能耗，还能展示现代技术与传统文化的融合。

（8）夜间步行系统与开放空间的规划　为了提升步行系统的安全性和使用率，夜间的照明设计至关重要。照明系统应保证足够的亮度和均匀性，同时避免光污染。灯光的设计还可以结合街区的文化氛围，采用具有文化符号的灯具设计，增强夜间的观赏性。此外，开放空间应考虑到夜间的使用需求，通过灯光、音响等设施，为文化表演、集市或户外电影等活动提供合适的场地，这不仅可以延长街区的使用时间，还能丰富夜间文化生活，吸引更多游客和居民参与。

（二）设计案例分析——沈阳盛京堂子巷历史文化街区

1. 项目背景

沈阳盛京堂子巷历史文化街区位于沈阳市大东区，北邻大东路、西邻培育巷、东邻堂子街。该片区是沈阳市历史文化名城保护规划中的风貌区，是后金与清朝时期的重要国家祭祀地，拥有沈阳城内现存唯一一处传统合院落式建筑群。街区内建筑样式与构件反映出了传统建筑向现代建筑过渡的特征，是沈阳都城地位的象征，也是满族的民族认同感及满族宗教的体现地。堂子庙巷历史片区保护范围包括核心保护范围和建设控制地带，总面积为 $3.5hm^2$。其中核心保护范围一处，面积约 $0.5hm^2$；建设控制范围为核心保护范围以外的区域，包含片区内的城市道路，面积约 $3.0hm^2$。基址改造前状况如图 5-18 所示。

2. 设计要求

① 强调传统院落式格局、建筑样式及环境等真实信息的保留；

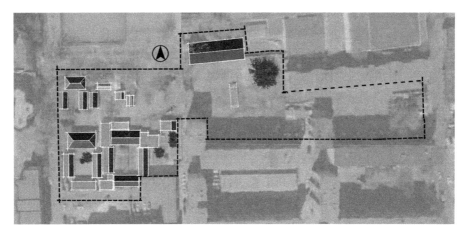

图 5-18　盛京堂子巷规划现状图

② 完整保护盛京堂子巷建筑群历史风貌及格局；

③ 结合片区周边现状，补充地区缺乏的功能，唤醒片区活力；

④ 强调片区的吸引力、包容性和公众参与性。

3. 方案解析

（1）方案布局　方案重点突出了院落式布局的特征。以一条主街区贯穿始终，在主街区两侧完善多个院落式布局结构，如图 5-19 所示。

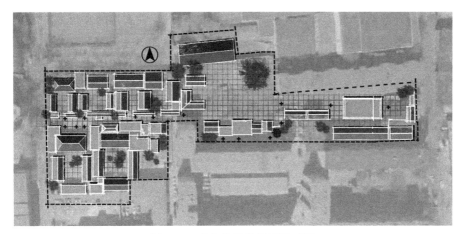

盛京堂子巷
实景图

图 5-19　盛京堂子巷规划平面图

（2）设计分析　盛京堂子巷文化街区规划以"保护＋传承＋更新"为主题，旨在对现存的各类遗产资源进行整体保护，强化传统格局与风貌的塑造，突出盛京堂子及满族文化特色，促进片区活化利用与功能更新。在设计过程中，重点标注了历史建筑、相关构筑物及历史树木等历史环境要素，逐步拆除了不具保护价值的建筑，强化了传统合院式空间格局，并恢复了培育巷 3 号建筑的东、西厢房。规划中除了确定恢复的建筑外，核心保护范围内没有新建地上建筑。对周边区域建筑，通过改造现存建筑立面景观，强化了人视角范围内的传统建筑风貌的连续性。对现有建筑，强化了持续利用，逐步更新现存建筑的使用功能。对于新建建筑，严格控制其体量与尺度，样式以传统坡屋顶的合院式建筑或"趟子房"为主，避免了大体量商业综合体的建设。

二、文创园区景观设计

（一）设计关注要点

文创园区景观设计是一种融合了文化、创意和产业的综合性景观规划，旨在为文化创意产业提供功能性与美学兼具的工作与生活环境。其既要满足文创产业的办公、展示和创作需求，还要通过景观设计增强园区的文化氛围和吸引力，鼓励创意交流与创新。

1. 创意与文化主题的融合

文创园区通常会有独特的文化主题或创意理念，如艺术、设计、影视或科技等。在景观设计中，这些主题需要通过空间布局、艺术元素和景观符号得以体现。设计中应使用统一的文化标志和视觉符号，体现园区的文化身份。创意与文化主题的融合不仅体现在景观元素的设计上，还贯穿于整个园区的空间布局、功能配置和艺术表现中。创意与文化主题的融合能够提升园区的文化认同感，增强创意工作者的归属感，同时吸引更多的游客和合作伙伴。

（1）明确文化主题与创意方向　文创园区的文化主题应基于其所在地区的历史文化背景、产业特色或创意方向。而艺术类园区则可以通过绘画、雕塑等艺术形式体现创作的自由和创新精神。文化主题确定后，创意的方向和表达手法应围绕这一主题展开。

（2）景观元素中的文化符号　在景观设计中，创意表达往往通过对文化符号的提取与创新应用来实现。设计时，可以将这些文化符号以雕塑、铺装图案、装置艺术等形式融入公共空间，增强文化氛围。文化符号的应用不应停留在简单的复制上，而应通过创意化的手法进行现代演绎。

（3）空间布局与功能设计中的主题体现　文创园区的整体空间布局应当围绕其文化主题展开。而以历史文化为主题的园区，则可以通过线性路径引导游客探索历史故事，将文化线索串联在整个园区之中。园区中的不同功能区可以根据文化主题进行差异化设计。

（4）公共艺术与文化主题的结合　公共艺术是表达文化主题与创意的直接手段之一。在文创园区中，公共艺术可以通过雕塑、装置、壁画等形式直接表现园区的文化主题。除了传统的静态艺术作品，互动艺术装置也是表达创意与文化主题的重要方式之一。设计者可以通过数字技术或参与式设计，鼓励游客和园区员工与艺术作品互动，让他们成为文化体验的一部分。

（5）建筑形式与文化主题的融合　文创园区的建筑风格应与其文化主题紧密相关。除了整体建筑风格，细节设计也能体现文化主题的融合。以手工艺为主题的园区可以在建筑细节中使用本地传统材料或手工装饰，让文化符号渗透到每一个细微之处。

（6）景观与文化故事的讲述　创意与文化主题的融合还可以通过叙事性的景观设计来表达。设计可以通过情境化的手法，创造出具有文化故事和沉浸感的场景。

（7）文化活动与创意体验的结合　文创园区中经常会举办文化活动。这些活动不仅是园区文化主题的延续，也是创意表达的载体。景观设计中应为这些活动预留合适的场所，如文化广场、户外剧场等，使活动空间与园区主题相得益彰，增强文化氛围；也可以设置创意体验区，让游客通过参与性的活动更加深入地了解文化主题。

（8）科技与文化主题的互动　现代文创园区可以通过数字技术增强文化主题的表达。这种技术手段可以与园区的创意主题相结合，提升文化体验的互动性和趣味性。智能化设备还可以为文化创意的展示提供更多的可能性。

2. 功能分区与灵活空间设计

文创园区需要容纳办公区、展示区、休闲区、创作区等多种功能，因此功能分区的合理规划至关重要。办公区应考虑安静、集中和高效的工作环境，而创作区则需要较为开放、互动的空间以鼓励灵感碰撞。展示区和公共空间则可以用来进行文化产品的展览和发布，吸引公众和合作伙伴。文创产业通常需要灵活的工作和创作空间，景观设计应考虑如何为这种灵活性提供支持。

（1）功能分区的合理布局 文创园区的办公区和创作区通常需要独立设置，以确保办公效率和创作环境的适应性。办公区应提供安静、高效的工作环境，通常配置现代化的办公设施，适合日常办公、会议等需求。创作区则更适合开放式的空间设计，允许创意工作者自由创作，支持团队合作、艺术创作和灵感交流。展示区是文创园区展示文化创意产品和作品的核心区域。设计时应提供宽敞、灵活的空间布局，以适应不同类型的展示需求，如艺术展览、产品发布、文化体验等。体验区则可以与展示区相结合，通过互动性和参与性的设计，让参观者亲身体验文化创作的过程，如手工艺制作、虚拟现实互动体验等。

（2）灵活空间的多功能性 文创园区的公共空间不仅要用于休闲和社交，还应具备灵活转换功能，以满足不同活动的需求。设计可以通过设置可移动的家具、模块化的装置或可变的场地布局，使空间能够快速适应不同规模和类型的活动，如文化集市、户外表演、创意讲座等。户外空间是文创园区中的重要组成部分，灵活设计可以为文化活动提供更多的可能性。

（3）互动性与开放性的创意空间 文创园区的创意核心在于鼓励人们创新和交流，因此，创作空间的设计应当尽可能开放，避免封闭和固定的格局。设计时可以考虑使用开放式的工作室或共享空间，鼓励创意人群之间的灵感交流和合作。

（4）社交空间与文化交流的结合 文创园区的景观设计应当充分考虑员工和访客的休闲与社交需求。设计可以通过将咖啡厅、露天座位区、屋顶花园等空间灵活布局，为园区内的创意工作者提供非正式的社交环境，促进其思想交流和合作。文创园区中的开放空间还应当能够适应多样化的文化活动需求。广场、庭园或室外剧场可以通过灵活的空间设计承办这些文化活动。这样的设计不仅能为文化交流提供场地支持，还能吸引更多的公众参与和互动。

（5）灵活的展示空间设计 文创园区中的展示区需要具备灵活性，以适应不同时间跨度和规模的展示需求。通过灵活的设计，展示空间可以在不破坏整体布局的情况下，根据不同展览需求迅速调整，适应各种展示形式。展示区不仅是作品的展示平台，还应当兼具互动功能。此外，设计可以通过数字技术、互动装置等手段，使参观者与展示内容之间产生互动。

（6）生态与可持续空间的灵活利用 文创园区的景观设计应当融入生态与可持续发展的理念，灵活利用生态资源。这样的生态设计可以灵活应用于公共空间和休闲区域，在为园区带来绿色环境的同时，也支持了环境教育和文化传播。文创园区中的户外空间应具备应对不同季节的灵活性。设计时可以考虑设置遮阳棚、活动屋顶或可拆卸的棚架，在夏季提供阴凉，在冬季保证采光。这种灵活的空间设计能够让园区一年四季都保持高使用率，并能为不同季节的文化活动提供支持。

（7）科技与创意空间的结合 现代文创园区的设计应当融入智能化设施，为创意工作者提供更便捷的办公与创作环境。同时，这些智能设施还可以根据使用者的需求，自动调整空间布局或环境，增强园区的科技感和灵活性。通过智能化的数字技术，展示区和创意工作空间可以获得高度的灵活性。

3. 创新与互动的公共空间

文创园区的公共空间不仅是休憩场所，更是创意交流和思想碰撞的场所。设计时可以设置互动装置、创意座椅、户外展览空间等，鼓励园区内的员工和访客在休闲和娱乐中进行交流。开放的公共空间设计可以增加创意人群的互动频率，激发其创新思维。设计应提供多样化的休闲空间，供园区内的创意工作者在不同的场景中休憩和社交。这些空间不仅能缓解工作压力，还能通过轻松的环境提升团队之间的沟通与协作。

（1）创新与互动空间的设计理念　创新与互动的公共空间应具备鼓励交流和合作的功能，其设计理念强调开放性和共享性。这种空间不应只是简单的休憩区域，还应是促进创意碰撞的场所。通过开放式布局、灵活的家具摆设和无障碍的动线设计，鼓励人们自发地聚集、交流，形成一个思想自由流动的环境。互动是创新公共空间的重要特征之一。设计应融入互动元素，让人们能够通过参与互动活动或装置交互，在公共空间中不再仅是被动的观赏者，而是积极的参与者。

（2）互动艺术装置与公共艺术的结合　在文创园区的公共空间中，可以通过动态艺术装置增强互动体验。这些装置不仅具有美学价值，还能通过运动、光影变化或声音反馈与人们产生互动。参与式艺术作品是增强公共空间互动性的重要手段，设计者可以通过设置公共雕塑或艺术装置，邀请游客或员工在作品中进行创造或互动。例如，一个由风力驱动的动态雕塑，或是通过触摸可以改变颜色的互动墙面，能够吸引人们参与并提升空间的趣味性和文化氛围。

（3）公共空间的创意展示与灵活运用　创新与互动的公共空间需要具备多功能性，以适应不同的使用场景。设计时可以考虑通过可移动的家具、可调整的灯光和音响系统，使空间能够根据不同需求迅速变化。这种灵活性既能够提升空间的使用效率，也能为园区的文化活动提供更多的可能性。文创园区的公共空间可以设计成创意展示平台，允许艺术家、设计师或园区内的创意工作者在此展示他们的作品。此外，设计可以通过设置户外画廊、展示架或数字屏幕等，提供灵活的展示空间，让公共空间成为文化创意的展示窗口，增强园区的文化氛围。

（4）数字技术与互动体验的结合　随着技术的不断发展，数字技术逐渐融入公共空间，显著提升了用户的互动体验。数字技术不仅能增强互动性，还能够通过数据收集和反馈机制进一步优化空间设计。此外，智能化的互动装置还能为公共空间增添科技感，进一步提升用户体验。

（5）公共空间中的创意社交场所　公共空间不仅是人们放松和休憩的地方，也是促进创意交流和合作的社交场所。设计可以通过设置开放的座椅区、共享工作台或咖啡角，鼓励园区内的创意工作者在非正式的环境中交流想法、分享创意。这种空间可以通过灵活的设计，随时转换为创意讨论或小型会议的场所，增加园区内的社交机会。

（6）生态设计与自然互动　在公共空间的生态设计中，绿色设计起到了至关重要的作用。通过引入自然元素，如花园、绿墙、水景等，可以促进人们在自然环境中的互动。例如，可以设计互动水景，让人们通过触摸或声音控制水流；或在开放草地上设置适合户外活动区域，鼓励人们在自然环境中交流和互动。这种结合自然与创意的设计不仅提升了公共空间的生态价值，还为人们提供了一个放松、减压的环境。此外，公共空间中的互动设计还能传递环保与可持续发展的理念。

（7）游戏化设计与公共空间的互动性　通过游戏化的设计，公共空间可以提供具有趣味性和参与感的互动体验。例如，在空间中设置类似于"寻宝游戏"或"打卡点"的设计，游客通过完成某些互动任务，解锁特定的文化或艺术信息。这种设计不仅增加了空间的娱乐性，还能通过互动的方式提升文化传播的效果。设计还可以通过与社交媒体互动，增强公共空间的吸引力。通过这种方式，公共空间不仅可以成为现实中的互动场所，还能通过虚拟社交媒体扩大其影响力。

（8）文化主题与空间氛围的创新设计　创新与互动的公共空间应与文创园区的整体文化主题紧密结合。设计可以通过对文化主题的创新解读，将其转化为互动体验。例如，一个以电影文化为主题的文创园区，可以在公共空间中设置与电影相关的互动装置，允许游客通过虚拟拍摄体验或参与短片制作来感受电影创作的过程，增强其文化体验感。此外，公共空间的设计还应通过独特的氛围营造增强创新体验，如通过灯光设计、材质选择、色彩搭配等手法，营造出符合园区文化主题的创意氛围。

4. 艺术与文化元素的应用

文创园区景观设计应善用艺术作品来表达园区的创意性。公共空间中可以通过设置雕塑、壁画、浮雕或互动艺术装置来营造艺术氛围，特别是一些动态艺术或可以与用户互动的作品，更能增强园区的创意活力和文化氛围。另外，园区内的景观元素（如铺装、墙面、路灯等）也可以融入特定文化符号或创意设计中。

（1）文化符号的提取与应用　在文创园区的设计中，地方性的文化符号、历史背景和地域特色应成为设计的重要灵感来源。设计师可以从当地的历史事件、传统工艺、民俗文化等元素中提取文化符号，将其融入景观设计中。传统文化符号可以通过现代设计手法重新演绎。设计中可以通过简化、抽象或创新的方式呈现历史文化元素，使其既保持文化内涵，又符合现代美学。

（2）公共艺术的引入与互动　艺术作品是文创园区景观设计中的重要组成部分，公共艺术雕塑和装置艺术不仅能够美化园区环境，还能通过视觉和触觉的体验增强文化传递的效果。这些雕塑作品可以表现园区的文化主题或创意产业的特质，帮助园区建立独特的艺术形象。互动性是现代公共艺术的重要趋势之一。文创园区中的艺术装置不仅应具备观赏性，还应鼓励访客与作品互动，通过触摸、参与或操作，访客可以与艺术作品产生联动，增强体验感。

（3）艺术作品与空间环境的融合　文创园区的艺术元素不应孤立存在，而应与整体景观环境有机结合。设计时可以将艺术作品融入园区的步行道、广场、绿化带等区域，使其成为环境的一部分。此外，艺术元素还可以通过细节设计融入环境氛围中。

（4）临时艺术展览与动态展示　文创园区的公共空间可以通过临时展览的形式为艺术家提供创作和展示的平台。开放广场、步行道或庭园可以设置为临时展览区，定期更换展品或装置，让园区始终保持艺术的动态活力。这种临时展览可以展示来自不同艺术家的作品，使园区不断更新文化内涵，吸引不同类型的访客。由此可见，动态艺术作品是增强空间互动性的重要手段。

（5）艺术教育与创作体验的结合　文创园区可以通过设置艺术体验区或创作工作坊，让访客亲自参与到艺术创作中。例如，设计一个户外绘画区，提供绘画工具，鼓励访客进行涂鸦创作，或者设置手工艺制作工作坊，让访客体验陶艺、编织等传统手工艺。这种设计不仅增强了访客的参与感，还能通过互动传递文化技艺和创意理念。园区可以定期举办艺术课程或工作坊，邀请本地艺术家、设计师或文化名人教授创意课程，并为学生或参与者提供展示创作成果的空间。

（6）文化活动与艺术元素的整合　文创园区的景观设计可以通过艺术元素与文化节庆活动的结合，增强文化传承与展示的效果。艺术元素可以融入活动，为文化传播和创意展示提供支持。夜间的艺术活动可以通过灯光设计和艺术装置的结合，使空间在不同时段展现出独特的艺术氛围。灯光不仅为夜晚的艺术展示提供支持，还使园区在夜间充满文化吸引力和活力。

（7）文化主题与艺术创意的统一　文创园区的景观设计应与整体的文化主题保持一致，艺术元素的应用应当契合园区的主题定位。文创园区中的艺术元素可以融合多种艺术风格，营造丰富的视觉和文化层次。这种风格多样的设计能够吸引不同文化背景和艺术审美的参观者，增强园区的包容性和文化吸引力。

5. 生态设计与可持续发展

文创园区应注重生态设计，提供充足的绿色空间和自然环境，通过绿化带、垂直绿墙、屋顶花园等设计，提升园区的环境质量，创造一个宜人的工作和休闲环境。绿色空间不仅能提供舒适的自然体验，还能在快节奏的创意工作中缓解员工的压力。此外，文创园区的设计应融入可持续发展的理念，在材料的选择上应优先选用可再生、环保的材料，以满足环保要求，树立企业社会责任的良好形象。

（1）绿色空间的规划与自然环境的融合　生态设计强调充分利用自然资源，通过自然地形、气候条件和生态系统的合理布局，打造与自然共生的环境。文创园区的绿色空间应通过有机布局融入整体设计中，使自然景观成为空间的重要组成部分。设计可以利用绿化带、垂直绿墙、屋顶花园等形式，增加绿地面积，并在办公区、展示区、公共空间等区域广泛植入绿色景观，创造健康宜人的工作和休闲环境。

（2）可持续材料与资源节约　在园区设计和建设中，应优先选择可再生、低碳和环保的材料。这些材料不仅能够减少对环境的影响，还能展示园区对可持续发展的重视。尤其在建筑、铺装和景观装置设计中，环保材料的使用可以凸显生态设计的主题。可持续设计还应注重对水、电等资源的节约。雨水收集系统可以用于灌溉园区植物、清洁广场和道路，而节能照明和智能管理系统则能够有效减少能源使用，创造节能环保的园区环境。

（3）雨水管理与水循环系统　生态设计中的雨水管理是可持续发展的重要环节之一。通过设计雨水花园、透水铺装和雨水收集池，可以有效管理雨水径流，避免城市内涝，并将雨水资源加以利用。透水铺装材料能够使雨水渗透到地下，补充地下水源，同时减少地表径流，提升园区的可持续性。在园区中设计水循环系统，可以实现水资源的重复利用。这种设计不仅节约了水资源，还能通过水景元素提升园区的生态美感。

（4）生物多样性与生态保护　生态设计中应优先选择本地的植物品种，以适应当地的气候条件和土壤特性。使用本地植物不仅能减少对水、肥料和维护的需求，还能吸引本地的昆虫、鸟类等野生动物，为生态系统提供支持，提高生物多样性。通过在园区中规划绿色走廊和生态缓冲带，可以为野生动植物提供栖息地和迁徙通道，形成园区内外的生态网络。

（5）能源的可持续利用　可持续设计还应引入可再生能源技术，如太阳能和风能等，减少对传统能源的依赖。例如，可以在建筑物的屋顶或外墙安装太阳能板，用于园区的照明、供电或加热系统，或者在开放空间设置小型风力发电装置，为园区提供绿色能源。通过智能化节能技术，文创园区可以实现更高效的能源管理。

（6）废弃物的管理与循环利用　园区设计应当设置完善的垃圾分类系统，鼓励员工和访客进行垃圾分类投放，并为可回收物资提供回收站。通过合理规划垃圾收集和处理系统，园区可以最大限度减少垃圾处理的环境影响，并将可回收资源重新利用，减少废弃物的产生。在园区建设过程中，设计应尽量减少建筑废弃物的产生，或者通过创新的方式将废弃物再利用。

（7）健康环境与舒适体验　生态设计还应通过建筑和景观布局，充分利用自然光照和通风系统，减少对人工照明和空调的依赖。例如，通过设计大面积的窗户、天窗和开放式庭园，使阳光自然进入室内，减少日间照明需求；合理规划建筑和景观布局，利用自然风流减少空调使用，提高园区的环境舒适度。生态设计不仅要关注环境保护，还应为园区的使用者提供健康、舒适的生活和工作空间。通过增加园区内的绿化面积、设置步行道和骑行道、规划户外健身区等措施，鼓励健康的生活方式，提供更多休闲、运动和社交空间，改善园区用户的生活质量。

（8）环境教育与生态展示　文创园区不仅是创意产业的工作和展示空间，还可以成为环境教育和生态展示的场所。在园区中设置环境教育展示板、生态体验区或绿色环保标志，可向访客展示生态设计的理念和实践。例如，在雨水花园旁设置信息牌，解释其功能和环境效益，或通过互动装置展示园区内的能源消耗和节约情况，提高公众的环保意识。此外，文创园区的生态设计应当与园区文化相融合，传递环保理念。

6. 历史与现代的融合

很多文创园区是在旧工厂、仓库或历史建筑基础上改造而成的。设计时应注重对这些历史建筑的保护与再利用，可通过巧妙的景观设计与现代设施的融合，使其既保留历史文化价值，又具备现代功能。例如，将旧仓库改造为文化创意中心，保留原有砖墙与结构，同时融入现代艺术装置与智能设施，打造出兼具历史韵味与创新活力的空间体验。文创园区的设计还可以通过展示历史文化故事或符号，营造文化深度。

（1）历史文脉的尊重与传承　在文创园区的设计中，保留和修复历史建筑是历史与现代融合的重要起点。通过保护原有的建筑结构和历史元素，可保持区域的历史脉络与文化记忆。例如，将旧工厂、仓库、历史街区等工业遗址进行修复和改造，既可以保留历史建筑的独特风格，又能为现代使用功能提供支持，创造具有历史深度的现代空间。历史与现代的融合不仅体现在建筑上，还可以通过历史文化符号的延续来实现。

（2）现代功能的引入与历史空间的再利用　历史建筑或遗址的保护不仅是静态的保存，还要考虑如何使这些空间重新融入现代生活和工作环境中。通过功能性改造，可赋予历史建筑新的使用功能。例如，将旧厂房改造成现代创意工作室、展览空间、文化艺术中心或咖啡馆，使其在保持历史风貌的同时，具备新的功能和活力。历史与现代的融合也体现在公共空间的再设计上。通过合理改造和设计，可使这些历史空间既保留其文化意义，又能够适应当代社会的需求。

（3）材料与设计手法的对比与融合　在设计中，传统材料和现代技术的结合能够突出历史与现代的对话。这种材料上的对比不仅提升了视觉效果，还增强了空间的历史感和现代感。现代设计手法可以借鉴历史建筑的形式和布局，进行创新性演绎。

（4）文化记忆的保留与现代技术的运用　现代技术，尤其是数字技术的应用，为历史文化的展示和传承提供了新的可能性。数字技术的运用不仅能够增强空间的互动性，还能更好地传递文化记忆。现代设计手法可以通过互动装置或展示技术，让历史文化更加生动。

（5）空间叙事与文化脉络的融合　在历史与现代融合的设计中，空间可以作为一种叙事工具，可通过景观设计讲述历史故事和文化脉络。例如，设计者可以通过路径的引导、雕塑或浮雕的设置，将某段历史或文化主题贯穿于整个园区的设计中，让访客在移动的过程中逐步体验到历史的层次感和文化的延续性。由此可见，历史与现代的融合不仅是物理空间的再现，还可以通过文化的延续来实现。

（6）历史与现代的对话性设计　在历史与现代融合的设计中，新建筑与历史建筑之间的对话性设计是关键，设计可以通过对比、呼应或融合的手法，使两者在空间上形成和谐的关系。例如，新建的玻璃结构可以与历史砖石建筑形成强烈的视觉对比，同时通过材质的透明性和形态的呼应，使其与历史建筑保持视觉上的联系，避免割裂感。此外，设计还可以通过空间的层次变化与材质对比，展现历史与现代的时间流动感。

（7）生态设计与历史遗址保护　对历史遗址的保护不仅是对文化的保留，还应结合生态设计理念，确保遗址的可持续性。例如，在历史建筑周围规划绿化带或生态缓冲区，可减少现代开发对历史遗址的影响，保护遗址的原始生态环境。通过生态设计，既可以美化环境，又能为历史文化的传承提供良好的生态支撑。此外，在保护和再利用历史建筑和遗址过程中，还应考虑其可持续性。

（8）文化展示与艺术表达的结合　在文创园区中，历史与现代的融合也可以通过艺术的形式来表现。例如，通过现代艺术作品解读历史文化，可将历史符号与现代艺术表达相结合，创造出既富有历史感又充满创意的文化场景。这种方式能够让历史文化在现代语境中得到新的诠释和展示。此外，文化展览还可以通过运用多媒体技术，将历史文化展示得更加生动。

（9）历史与现代的文化价值共存　历史与现代的融合设计应尊重文化的多元性。例如，在文创园区中，不同历史时期的文化遗产和现代创意产业可以通过空间设计共存，形成多元文化交融的场景。这不仅能够丰富空间的文化内涵，还能促进不同文化背景和价值观的交流与碰撞。在设计中，保持新旧文化的平衡是历史与现代融合的核心。设计者既要尊重历史文化的独特性和不可替代性，同时又要考虑现代社会的功能需求和审美追求。

7. 智能化与技术的融合

文创园区可以通过引入智能化设施提升园区的科技感和创新性。例如，在园区的公共区域设置智能导览系统、互动显示屏、智慧照明等，使访客可以通过手机或智能设备获取园区信息、导航或体验互动内容，增强园区的科技氛围和便利性。数字化技术可以为文创园区的展示和交流提供更多可能性。

（1）智能设施与现代技术的应用　智能照明是园区智能化设计中的一个重要部分。首先，通过感应技术，智能照明可以根据人流量、环境光线或时间自动调节亮度，既节能环保，又能提升空间体验。其次，智能化的安防系统可以提高园区的安全性，通过摄像头监控、面部识别、入侵检测等技术，园区能够实时监控公共区域，保障人员和设施的安全。此外，智能安防系统可以通过手机或电脑进行远程监控，便于管理者随时掌握园区动态。

（2）智能管理与园区运营的提升　文创园区的运营和管理可以通过智能化平台实现集成管理。通过物联网技术，可将园区内的基础设施、能源使用、交通管理、访客数据等信息集成到一个平台，管理者可以实时监控和调控园区的运营状况。这种智能平台可以提高管理效率，还可以通过数据分析优化园区的运营模式，降低管理成本。

（3）互动式体验与数字化展示　智能化技术为文创园区提供了全新的互动体验方式。在文创园区中，智能导览系统可以为访客提供个性化的体验。通过移动应用或智能设备，访客可以获得实时的地图导航、文化介绍、互动展示等信息。

（4）智能建筑与绿色科技　智能化的建筑设计能够提升园区内工作者和访客的舒适度和便利性。智能化技术可以大大提升园区的环保水平，如通过智能灌溉系统，园区的绿化带可以根据土壤湿度和天气变化进行自动灌溉，减少水资源浪费；太阳能板与储能系统的结合可以为园区提供可再生能源；智能垃圾分类系统则能够自动识别不同类型的垃圾并进行分类处理，提升园区的环保水平。

（5）文化传播与智能展示平台　文创园区可以通过智能化的展示平台实现文化与艺术的广泛传播。在展览区或展示空间中，智能技术可以为展览提供更加丰富的交互方式。

（6）智能交通与共享设施　在园区的交通管理方面，智能化技术能够优化停车和车辆管理，为访客提供共享出行服务。

（7）智能娱乐与休闲设施　文创园区的公共空间可以设置智能化的健身和运动设施，还可以为文创园区的娱乐设施提供沉浸式体验。

（8）智能互动与创意社区　文创园区中的公共社交空间可以通过智能化技术提升互动体验。文创园区可以通过智能化平台为创意工作者打造一个线上线下结合的创意社区。此外，通过智能平台，园区内的创意人才还可以进行项目管理、知识共享、在线合作等活动，增强园区内外的互动与合作。同时，创意社区还可以通过线上展示平台向外界传播园区内的创意成果，扩大园区的影响力。

（9）数据驱动与智能决策　智能化技术使园区能够通过数据采集与分析优化决策。对能源使用、交通流量、设施利用等数据的实时监控和分析，可以帮助园区优化资源分配，提高运营效率。通过智能决策支持系统，园区管理者可以根据实时数据做出科学决策。

8. 社群文化与体验设计

文创园区不仅是创意产业的聚集地，也是社群文化的培养场所。景观设计应考虑为园区内的文化活动和社群建设提供支持。

（1）社群文化的构建与凝聚　文创园区的设计应通过开放的空间和包容的文化，鼓励创意工作者、艺术家、设计师等不同群体之间进行互动与合作。开放式的工作空间、灵活的办公区域和公共社交场所能够促进交流，形成跨领域、跨文化的协作，营造一个开放、共享的社区氛围。园区可以通过定期举办文化活动、创意展览、艺术工作坊等，增强园区内的社群凝聚力。社群活动不仅便于园区内的成员分享创意、经验和资源，还能增强成员的归属感。

（2）互动体验设计与参与感　文创园区的公共空间应通过互动性设计，增强使用者的参与感和体验感，如设置互动装置、数字艺术墙或创意展示区，让社区成员通过互动和参与，表达个人的创意与想法。设计时不仅要关注空间的使用功能，还需要为创意活动和互动交流提供支持，打造一个能够激发创意和加强情感连接的环境。社群文化的体验设计应注重用户的参与性。

（3）文化活动与社群互动的结合　文创园区中的文化活动应当多样化，涵盖艺术、设计、音乐、表演、手工艺等领域，吸引不同文化背景和兴趣的社区成员。例如，通过举办艺术展览、创意市集、文化沙龙等活动，提供创意展示和分享平台，让社区成员不仅是观众，更是活动的参与者和贡献者。多样化的活动能够增强社群的互动性和凝聚力。在体验设计中，社群文化活动可以通过线上与线下的互动相结合，扩大社区的影响力。通过数字化平台、社交媒体或智能应用，社群成员可以随时了解活动信息、参与文化交流，并在在线创作平台展示自己的作品。

（4）体验设计中的情感连接与归属感　文创园区的体验设计应通过沉浸式方式，让使用者深度感受文化和艺术。例如，通过场景布置、全息投影、声光效果等手段，让社区成员在游览或互动时获得多感官的文化体验。沉浸式体验能够创造更深的情感连接，让用户从参观者转变为文化的参与者和感受者。增强社群成员的归属感是体验设计中的核心目标之一。通过艺术装置、社群标识或文化符号，设计可以传达园区的独特文化和价值观。

（5）共享空间与社区共创　文创园区的共享空间设计可以为社群成员提供灵活的工作和交流场所。例如，通过设立共享办公区、创意工作室和社交休息区，能够为不同背景和领域的创意人才提供合作和交流的平台。通过这些共享空间，园区的创意工作者能够自发形成小型社区，促进跨学科的合作与创新。在社群文化的体验设计中，集体参与和共创是重要的推动力。园区可以通过设计参与式的项目或活动，鼓励社区成员共同参与空间的创作和设计。

（6）文化传承与现代体验的结合　文创园区的体验设计还应注重文化传承与现代创意的结合。通过设计传统文化的展示和体验区，例如手工艺体验馆、文化遗产展示区等，让社区成员和访客能够在现代创意的氛围中感受传统文化的魅力。这种设计不仅增强了文化的传承性，还通过现代体验手段提升了传统文化的活力。园区中的体验设计应当包容不同年龄层的社区成员，通过设计跨代际的文化活动，促进不同代际之间的文化交流。

（7）数字化平台与线上社区的延展　在数字化时代，文创园区的社群文化不应局限于线下空间，而应拓展至数字化线上平台。通过数字化平台，社群成员可以在线上分享创作、交流知识并进行社交互动。例如，通过创建专属的社群软件或在线平台，社区成员可以随时随地发布作品、参与讨论或了解活动资讯。数字平台为社群提供了更广泛的互动空间，进一步扩大了社群文化的影响力。通过线上活动和数字创意展示，体验设计可以打破物理空间的局限，让社群文化的传播更加灵活和广泛。

（8）文化教育与社群发展的结合　文创园区可以通过一系列文化教育活动，提升社群成员的文化素养和创意思维，如定期举办艺术课程、文化讲座或手工艺工作坊，邀请专家、学者或艺术家进行分享等。通过这些文化教育活动，社群成员能够不断学习和进行自我提升，社区也因此能达到更高的文化层次。文创园区中的社群文化应具备成长性，通过设计长期的文化活动和成长计划，支持社区成员的个人发展和社区的整体进步。

（9）创意市集与社群经济　创意市集是文创园区中常见的社群互动形式。通过设计开放的市集空间，社区成员可以展示和出售自己的创意作品，与访客进行面对面的交流与互动。创意市集不仅是文化体验的场所，还是社群经济的表现形式，能帮助创意人才实现文化的传播与商业转化。此外，文创园区还可以通过社区支持的经济模式促进社群发展。

（二）设计案例分析——沈阳红梅文创园

1. 项目概况

沈阳红梅味精厂始建于 20 世纪 30 年代末，随着红梅企业关停，老厂区一度荒置，后由沈阳万科注资打造文创园区。园区占地约 6.2hm²，南北长约 240m，东西长约 260m，其规划区域如图 5-20 所示。

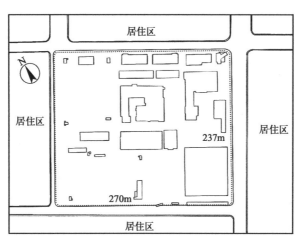

图 5-20　文创园项目设计底图

2. 设计要求

① 保留场地内主要历史建筑和主要植物；

② 延续红梅味精厂工业历史特质；

③ 重塑厂区内工业符号功能；

④ 重新定义厂区室外空间功能，并将其作为临近建筑延展空间。

3. 方案解析

（1）方案布局　由于项目所在地原为旧工厂厂址，建筑保存较完整，建筑空间已经形成，因此在规划中并未对原有建筑外围空间结构进行大范围调整，只是对其进行了重新定义和利用（图 5-21）。

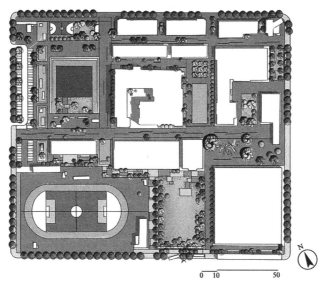

图 5-21　文创园项目规划平面图

（2）设计分析　设计师将这一场所定义为"一个历史的场所，一个未来的场所"，并在这样的主题下进行了大胆的改造设计。首先，在设计过程中，设计师将园区内的历史建筑充当营造开放空间氛围的重要角色，将新建筑作为联系不同空间的补充元素，并重新整合厂区内的开放空间。每一个主要建筑前都设置了广场或主轴干道，作为建筑内部空间的延伸，为园区中同时举办多个活动提供可能性。设计中，设计师主体延续了原有厂房的砖体结构和砖红颜色，这种材料和色彩的延续，既突出了红梅工业历史特质，又表明了红梅厂区同周边现代街区的差异化。厂区内还保留了大量的管网管道，并为其附加了指示牌、标志塔等全新的功能，使其焕发生机。即便是全新设计的小品、座椅等，也延续了红梅厂区浓浓的历史情愫，例如，园区内的休息座椅采用了味精结晶体的状态，是该文创园的专有设计。

三、民俗文化村落景观设计

（一）设计关注要点

"民俗文化村落景观设计"是基于当地民俗文化与历史传承，对村落整体景观进行的规划与设计。

1. 文化符号的体现

在民俗文化村落的景观设计中，文化符号的体现涉及多个层面，包括建筑、装饰、自然元素等。这些文化符号不仅丰富了村落的视觉效果，也展现了村落独特的历史和文化背景。

（1）传统建筑与民居风格的延续　民俗文化村落中的建筑形式和风格是最具代表性的文化符号。例如，在中国的传统村落中，四合院、土楼、吊脚楼等建筑形式不仅展现了当地的历史传承，还蕴含着特定的文化意义。

（2）民俗装饰和工艺品的融入　民俗文化往往通过装饰和工艺品展现文化的精髓。例如，当地的雕刻、彩绘、刺绣、陶器等手工艺品都是重要的文化符号，在设计中，可以将这些民俗装饰元素融入建筑、公共空间、景观小品中，使村落景观具有浓郁的地方特色。

（3）节庆与民俗活动空间的设计　民俗文化村落常有定期举办的节庆活动或传统仪式，这些活动本身就是重要的文化符号。在设计中，应预留专门的活动广场或公共空间，用于举办庙会、集市、歌舞表演等传统节庆活动。

（4）文化符号与自然景观的融合　在民俗文化村落中，自然景观和文化符号往往密不可分。许多村落的文化与自然环境紧密相连，特定的树木、河流、山丘常被视为神圣或象征性的存在。在设计中，通过保留和强化这些自然景观，可使其成为文化符号的有机组成部分。

（5）地方语言与文字的展现　民俗文化村落的文化符号还可以通过地方语言、方言及文字来体现。在景观设计中可以设置带有方言或古老文字的标志、石碑、对联等。

（6）民俗植物的选用　民俗文化往往与特定的植物种类密切相关，这些植物也是重要的文化符号。在民俗文化村落设计中，可以选择具有象征意义的植物进行种植。

（7）民间信仰与宗教符号的体现　民俗文化村落中的许多文化符号来源于民间信仰或宗教活动，例如庙宇、祭坛、祠堂等。在景观设计中，保留并修缮这些宗教或信仰场所，能够有效体现村落的文化特色。这些符号不仅是空间上的标志物，也是村落居民文化认同的重要载体。例如，修复一座古老的村庙并将其作为文化旅游的一个景点，不仅能传承村落的信仰传统，也能增强游客对当地文化的理解。

2. 历史建筑的保护

在设计过程中，要注重对原有古迹的保护与修复，避免现代化建设对传统村落风貌的破坏。设计应当尊重村落的历史脉络，延续传统空间格局和建筑风貌，采用适当的保护技术确保其长期保存。

（1）历史建筑的修复与保护　村落中往往保存着许多具有历史价值的建筑，如古老的民居、庙宇、祠堂、桥梁等。这些建筑承载着村落的历史和文化记忆。在设计中，要优先对这些建筑进行修复和保护，而非简单拆除或替换。修复时应尊重原有的建筑结构、材料和工艺，尽可能保持其历史原貌。

（2）历史文化景观的保存　历史传承不仅体现在建筑上，也体现在村落的整体空间格局和景观之中。例如，古老的街巷、公共广场、集市遗址以及村落与自然环境的互动形式（如依山而建、临水而居等）都属于村落的文化景观。在设计中，应尽量保留这些传统的空间布局和景观形式，不随意改变其原有的结构和关系，以维护其历史脉络。

（3）非物质文化遗产的传承　历史传承不仅是物质遗产，还包括非物质文化遗产，如民俗活动、传统技艺、宗教仪式、音乐舞蹈等。在景观设计中，要为这些非物质文化遗产的传承提供适当的空间和条件。

（4）地方特色材料与工艺的应用　在进行新建筑或景观元素设计时，应该优先使用地方特色材料和传统工艺。

（5）历史文化符号的展示　在村落设计中，历史传承的保护也可以通过对特定历史事件、人物或文化符号的展示来实现。设计中可以设置纪念碑、信息牌或展览空间，介绍村落的历史、重要人物或特殊的文化事件。

（6）与现代设计的平衡　在进行历史传承保护的同时，也需要考虑村落的现代化需求。在引入现代基础设施时，如供水、供电、排水系统等，设计应尽量减少对历史景观的破坏，并保持其视觉和空间的一致性。

（7）与自然环境的协调　许多历史村落与自然环境紧密相连，其文化特性往往受到自然景观的影响。因此，在保护历史遗产的过程中，设计应尊重并保留村落与自然环境的紧密关系。

3. 传统建筑风格与现代设施的融合

民俗文化村落的景观设计应在保护传统建筑风格的同时，适当引入现代设施，以满足游客的需求。

（1）尊重传统建筑的风格和形式　传统建筑风格是特定文化背景下形成的独特表达方式，承载着历史与文化记忆。在现代设施的引入中，必须尊重和保留这些传统建筑的外观、结构和装饰元素。

（2）巧妙隐藏或融入现代设施　现代设施如供水、供电、排水、暖通空调等，虽是现代生活的基本需求，但其外观和运作方式往往与传统建筑风格不协调。在设计中，可通过巧妙的隐藏或整合方式，使现代设施尽量与传统建筑外观相协调。

（3）使用传统材料与现代技术结合　在传统建筑的修复或新建中，可以考虑将传统材料与现代建筑技术结合使用。

（4）功能性空间的现代化改造　传统建筑往往在功能上无法完全满足现代生活的需求，因此需要对功能性空间进行适当的现代化改造。

（5）公共空间设计的现代需求　民俗文化村落常常需要为游客和居民提供现代化的公共服务设施，如休息区、停车场、公共卫生间等。在设计这些公共空间时，应尽量保持传统建筑的风格。

（6）节能与环保设计的融入　在现代设计中，节能和环保是非常重要的考量因素。在与传统建筑风格融合时，现代节能技术可以通过隐蔽或融合的方式加入设计。

（7）文化解说与互动设施　在民俗文化村落中，现代设施还可以通过设计来促进文化传播。

（8）保持建筑风格与功能的平衡　融合过程中的关键是找到传统建筑风格与现代设施需求的平衡点，既不能为了过度追求现代化而忽略了传统建筑的文化价值，也不能过分强调保留传统建筑风格而牺牲现代生活的舒适度和便利性。设计师在进行改造和新建时，既要充分尊重村落的历史文化传承，又要适应现代生活的节奏与功能需求，确保村落的长远发展。

4. 自然与人文景观的融合

民俗文化村落的设计应充分考虑自然环境与人文景观的融合，尊重地形、植被、水体等自然要素，避免大规模的人工干预，强调与自然景观的和谐共生。自然景观与文化景观共同构成了村落的整体风貌，增加了村落的生态价值和观赏性。

（1）尊重自然地形与生态系统　在设计过程中，自然与人文景观的融合首先体现在对原有自然地形和生态系统的尊重上。设计师应避免对地形过度改造，尽量保留山川、河流、植被等自然景观，并将这些自然元素作为设计的基础。

（2）历史文化与自然环境的对话　自然与人文景观的融合需要强调文化与自然的互动。在设计时，可以借助文化符号，如地方性宗教信仰中的"风水"理念，或者传统节日中对自然环境的崇拜，将人文景观与自然环境联系起来。通过对这些文化元素的提炼和再现，设计能够展现村落文化内涵同时保留自然景观的原始风貌。

（3）传统建筑与自然景观的协调　在村落设计中，传统建筑的选址和布局常常与自然环境密不可分。历史上的村落往往会根据自然环境进行规划，例如沿河而建、依山而居，以最大程度利用自然资源，避免自然灾害的威胁。在现代设计中，这一理念依然适用。通过尊重原有的自然布局，可以确保新建筑与传统村落融为一体。

（4）自然元素作为文化符号　自然元素本身也可以作为文化符号来表现。许多村落的文化传统往往与特定的自然景观有关，例如某棵古树、某条河流，甚至某块特定的岩石，这些自然元素在村民心中有着特殊的象征意义。设计师可以将这些具有文化象征意义的自然景观保留下来，并在设计中加以强调。

（5）植物景观与人文意象的融合　自然植物景观与人文景观的融合是设计中的重要部分。例如，设计中可以选用具有地方特色的植物，特别是那些与村落历史和文化紧密相关的植被。此外，在设计中可以考虑传统农业景观的延续，如梯田、茶园等，这样既保留了村落的文化景观，又为生态系统提供了支持。

（6）景观小品与自然环境的结合　景观小品是人文景观的重要组成部分，包括雕塑、亭子、桥梁等。在设计这些景观时，可以结合自然环境进行布置，使其与周围的山水景观协调一致。

（7）功能性设计的自然融合　在为村落设计功能性设施时，如步道、观景台、游客中心等，设计师可以通过使用自然材料、保留自然元素等手段，使这些现代设施与自然景观相融合。

（8）动态景观与文化活动的结合　自然景观的变化常常伴随着季节的交替，而文化活动也可以与这些动态景观相结合。例如，可在春季种植具有地方特色的花卉，结合当地的传统节庆活动，打造具有文化内涵的动态景观。这种方式不仅丰富了游客的视觉体验，也为当地的文化活动提供了新的舞台。

5. 民俗活动空间的规划

设计时应充分考虑民俗文化活动的空间需求,为传统节庆、民间表演、手工艺展示等活动预留场所。这些空间应具有开放性和互动性,能够促进游客与当地文化的深度交流和互动,提升文化旅游体验。

(1)民俗活动需求的多样性 各村落有着丰富多样的民俗活动,包括传统节日、宗教仪式、集市、婚礼庆典等。这些活动对空间的需求各不相同。

(2)公共广场与集会场所的设计 广场是民俗活动的重要场所,通常用于举办大型节庆、集会和市场等。设计时应确保广场面积足够大,能容纳较多的人群,且具备良好的视野和流通性。广场的形态应与村落的整体布局和建筑风格相协调,同时可以在广场周边布置一些与民俗相关的雕塑、小品或纪念性建筑,以强化文化氛围。广场周边的建筑可以提供必要的配套服务,如活动组织、展示空间和休息设施等。

(3)民俗表演场地的设置 许多村落会定期举办传统歌舞、戏剧或仪式表演,这需要专门的表演场地。表演场地可以是固定的,如露天剧场、舞台等,或是临时搭建的活动场所。设计时应结合村落的自然地形,利用自然坡地或水体作为舞台背景,以增强表演的视觉效果。

(4)手工艺展示与体验空间 民俗活动中的手工艺展示和体验是游客与当地文化互动的重要途径之一。为此,规划时需要设置专门的展示和体验空间,如手工作坊、集市摊位等。这些空间应当保持开放性和灵活性,能够让游客与手工艺人进行互动和交流。在设计上,这些空间可以与传统民居相结合,营造出一种亲切、真实的村落氛围。同时,展示空间还应具备良好的采光和通风条件,以提升手工艺品展示和制作的舒适性。

(5)宗教与仪式空间的规划 许多村落的民俗活动与宗教信仰和仪式密切相关,如祭祀、祈福等。这些活动通常在庙宇、祠堂或特定的宗教场所举行。因此,设计时应保留或修复这些宗教场所,并为大型仪式活动预留足够的空间。宗教活动的空间设计应尊重当地的传统仪式习俗,确保仪式空间的私密性和神圣感。

(6)动态与静态空间的结合 民俗活动空间规划需要结合动态与静态空间。动态空间主要用于举行大型活动,如游行、集市和表演,而静态空间则用于展示文化历史或供游客休憩和体验。设计时,可以将动态活动区域与村落的主要交通路线或核心区域相结合,保证人流顺畅。而静态空间如博物馆、文化展览区或手工艺展示场所则可以布置在相对安静、绿化较好的区域,给游客提供更为沉静的文化体验。

(7)景观与民俗活动的互动 自然景观也是民俗活动空间的重要组成部分。在规划时,设计应充分利用现有的自然环境,如山、水、树等,将其与民俗活动有机结合。村落中的古树或石碑等自然或人文景观,也可以作为某些特定民俗活动的中心,使自然环境与人文景观相互交融。

(8)现代设施与民俗活动的配套 为了确保民俗活动的顺利进行,规划时需要引入适当的现代设施。在这些现代设施的设计中,需注意与传统建筑风格的协调,尽量隐藏或弱化现代化设施的存在,使其不破坏整体的传统文化氛围。

6. 村落生活形态的再现

设计不仅要重视村落的外观,还要考虑传统生活形态的再现,如村民的生产、生活空间。设计应尽可能保留村落原有的生活形态,避免过度商业化,使游客能够体验到真实的民俗生活场景。

(1)传统建筑与居住空间的保留 传统建筑是村落生活形态的重要载体。再现村落生活形态的第一步就是对原有的民居、祠堂、庙宇等具有代表性的建筑进行保护与修复。通过保留这些建筑的传统格局、材料和工艺,能够还原村落的历史风貌和居住空间。

(2)生产方式与农业景观的还原 许多传统村落的生活形态与农业生产密切相关。再现村落生活形态的一个重要方面是展示村民的传统生产方式,如耕作、采摘、渔业等。可以通过保留和恢复村落的梯田、稻田、菜园等农业景观,向游客展示村落的生产生活方式。

(3)村落公共空间的再现 村落的公共空间是村民日常交流、聚会的重要场所,如广场、集市、村口等。在设计中,通过保留和修复这些公共空间,能够还原村落的社会生活形态。

(4)手工艺与传统技艺的展示 村落生活形态的再现还包括对传统手工艺和技艺的保护和传承。许多村落以其特有的手工艺品或技艺而闻名,例如木雕、陶器、织布等。设计中可以设置专门的手工艺作坊和展示空间,让村民或手工艺人继续进行传统手工艺的生产与展示。这不仅能让游客直观了解和体验村落的传统技艺,也能为村落手工艺的传承提供支持。

(5)节庆与民俗活动的重现 节庆和民俗活动是村落生活形态的重要组成部分,它们体现了村落的文化与传统价值观。通过规划和设计适当的活动空间,村落的传统节庆和民俗活动可以得到复兴和展示。

(6)村民日常生活场景的保留 再现村落生活形态的关键在于保留村民的日常生活场景,例如做饭、洗衣、休憩等。这些生活细节是村落文化的重要组成部分。在设计中,可以保留一些村民的生活习惯,如使用传统的柴火灶台、石磨、水井等设施,甚至将这些设施作为文化展示的一部分。游客在参观时,能够亲身体验村民日常生活中的一些行为和场景,深入感受村落的生活气息。

(7)村落景观与自然环境的互动 传统村落的生活形态与自然环境密不可分,村民的生活和生产常常依赖于周边的自然资源。因此,在设计中,要注重保留和再现村落与自然环境的互动关系。通过展示村落如何利用自然资源,能够更好地让游客理解村落传统生活方式与自然环境的依存关系。

(8)互动体验与参与式设计 再现村落生活形态不仅仅是静态的展示,还应通过互动体验让游客亲身参与其中。设计时可以设置一些互动项目,如参与农耕、手工艺制作、烹饪传统美食等。这种设计不仅增强了游客的参与感,还能够让村落的传统生活方式得以传承和延续。

7.可持续发展与生态设计

民俗文化村落的景观设计还应关注可持续发展,考虑生态设计原则,利用当地的材料和资源,应注重低碳、节能、环保,避免大规模的破坏性开发。在景观中应融入水资源管理、植被保护等生态设计理念,促进村落与周边自然环境的和谐共生。

(1)资源节约与循环利用 在村落景观设计中,通过合理利用当地的自然资源,如水、土壤、植被和太阳能等,可减少对外界资源的依赖。此外,设计中可以尽量选用可再生材料或当地取材,如木材、竹子、石材等,既能降低材料运输中的碳排放,又能保持与当地环境和文化的契合。

(2)保护生态多样性 在民俗文化村落的设计中,应尽量保留原有的植被、野生动物栖息地和水体。例如，保护当地特色的动植物，避免大规模的清除和替换；在种植景观时优先选择本土植物，以增强区域的生态稳定性，同时减少外来物种对本地生态的冲击。这样既能为村落提供丰富的自然景观，也能确保生态系统的健康发展。

（3）低碳设计与能源效率　通过低碳设计，村落可以减少对传统能源的依赖，降低环境污染。例如，可利用太阳能或风能等可再生能源为村落提供电力和供暖，安装节能照明和设备以降低能源消耗等。建筑设计中还可以采用被动式设计，如合理的朝向、窗户布局和通风系统，以最大程度利用自然光线和风力，减少对人工照明和空调的依赖。

（4）水资源管理与利用　在村落景观设计中，可以通过雨水收集、渗透系统、人工湿地等措施，实现水资源的高效管理。例如，设计渗透性地面和植被绿化带，让雨水自然渗透到地下，补充地下水；利用人工湿地或生物池进行污水净化，再将处理后的水用于灌溉或景观用水。这些措施不仅能保护水资源，还可以有效控制村落的水土流失。

（5）减少环境污染与废物管理　可持续发展要求减少环境污染，特别是在村落的废物管理方面，设计中应采用垃圾分类、回收利用和堆肥系统等方式。例如，将有机废弃物转化为堆肥，循环用于农业或园艺中，减少垃圾填埋的负担；同时通过合理布局垃圾回收设施，鼓励村民和游客进行垃圾分类。废物管理的可持续性不仅减少了对环境的污染，还为村落提供了一种经济的资源利用方式。

（6）对自然环境的尊重　在村落设计中，应该尽量减少对自然景观的改造，尊重原有的地形、水体和植被，避免大规模的平地和砍伐。例如，建筑物的设计可以顺应自然地形，利用现有的高差和景观特点，减少大规模的人工干预。这样不仅保留了村落的自然特色，也降低了对环境的影响。

（7）传统与现代技术的结合　可持续发展的设计应融入传统的生态智慧和现代的绿色技术。在设计中，可以保留这些传统生态智慧，同时引入现代的节能技术、清洁能源设备等，使村落在保留文化传统的同时，适应现代化的发展需求。这种结合既能延续历史文化，又能提升村落的生态效率和可持续性。

（二）设计案例分析——沈阳腰长河村田园综合体

1. 项目概况

项目场地位于沈阳市沈北新区，紧邻七星湿地公园，是七星湿地公园总体规划的重点村。作为锡伯族聚居的村落，该项目被评为"中国少数民族特色村寨"。项目占地 600 余亩（1 亩 $\approx 667\mathrm{m}^2$），其中村域建设用地面积为 $78000\mathrm{m}^2$。规划区域如图 5-22 所示。

2. 设计要求

本项目预打造具有鲜明民族文化属性的特色村落，规划须满足如下要求：
① 构建以锡伯族文化为特色的"锡伯故里"体验地；
② 充分利用周边自然资源，既作为周边环境的依托，又成为区域中的一大特色；
③ 构建完善的旅游体系，包括吃、住、游、学、祭等全方位的体验。

3. 方案解析

（1）方案布局　根据现有基址条件，设计师除了保留局部相对完整的住宅建筑外，又对场地内大部分建筑进行了布局形态重新整合，由原来相对分散的平行式建筑布局，调整为中心式布局模式，建筑围绕着中心广场半环状布局。这样的布局形态既增加了对地块的使用性，又丰富了建筑空间形态，如图 5-23 所示。

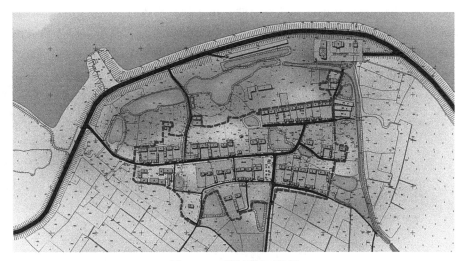

图 5-22　项目规划区域图

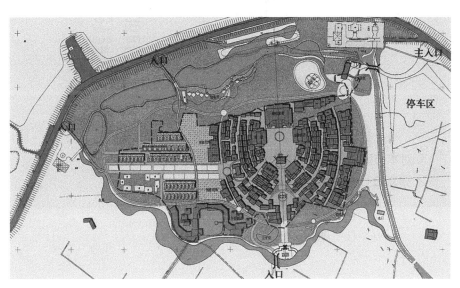

图 5-23　项目布局规划图

（2）设计分析　传统的锡伯族聚落以"牛录"为单位。牛录既是经济单位，也是作战单位。最初每个牛录均围以高大的围墙，开东西南北四大门，有二三百户不等。每户庭院大小不等，少者二三亩，多者四五亩。庭院多呈南北长方形，四周植有各种树木。庭院都用矮墙围成，分南北两院，南院多种果蔬，北院修棚圈、种树木及谷物等。随着经济发展和多民族的融合，这种聚落形态逐渐发生转变甚至部分消失，尤其是聚落的公共空间中古井、古树等元素逐渐缺失。项目的规划者主要是想重塑这种锡伯族传承下来的印象，呈现民族聚落风貌。但规划时并未受到传统"牛录"形态的约束，充分借鉴和融合了一些北方经典的古镇聚落形态，以增强区域空间实用性。项目以"关东印象、锡伯故里"为主题，打造集民俗体验、特色小吃、原乡民宿、文化交流、创作展示等功能于一体的综合型文旅乡村。结合现有基址条件，设计团队对原有山水地貌和建筑环境进行了整合和改造，对场地内道路系统和经营业态分布进行了系统规划，同时也深入挖掘了项目背后深层次的民族文化内涵，重点打造了"吃、住、游、祭"一体化的多元文旅空间。由于项目周边有 13000 亩的七星国家湿地公园，毗邻石佛寺水库万亩荷塘，自然资源丰富，因此，以项目为中心，向外拓展旅游空间，进一步推动区域游憩一体化进程。项目具体功能性分区参见图 5-24。

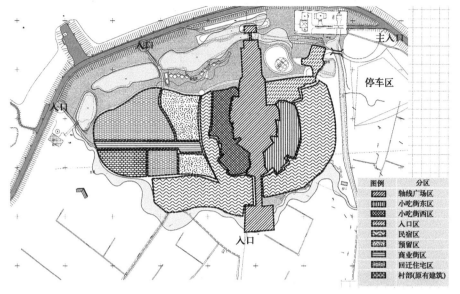

腰长河民俗
文化村落设
计案例解析

图 5-24　项目规划功能性分区图

练习习题

1. 对本节案例进行深入解析，并形成分析报告。
2. 独立进行方案设计，形成设计文案。

参考文献

［1］高成广，谷永丽. 风景园林规划设计［M］. 北京：化学工业出版社，2015.

［2］王晓俊. 风景园林设计［M］. 3 版. 南京：江苏科学技术出版社，2009.

［3］诺曼·K·布思. 风景园林设计要素［M］. 曹礼昆，曹德鲲，译. 北京：中国建筑工业出版社，1986.

［4］针之谷钟吉. 西方造园变迁史：从伊甸园到天然公园［M］. 邹红灿，译. 北京：中国建筑工业出版社，1991.

［5］克莱尔·库柏·马库斯，卡罗琳·弗朗西斯. 人性场所——城市开放空间设计导则［M］. 俞孔坚，孙鹏，王志芳，等，译. 北京：中国建筑工业出版社，2001.

［6］陈璟. 园林规划设计［M］. 北京：化学工业出版社，2009.

［7］胡长龙. 园林规划设计［M］. 3 版. 北京：中国农业出版社，2010.

［8］王向荣，林箐. 西方现代景观设计的理论与实践［M］. 北京：中国建筑工业出版社，2002.

［9］王浩，王亚军. 生态园林城市规划［M］. 北京：中国林业出版社，2008.

［10］格兰特·W·里德. 园林景观设计：从概念到形式［M］. 郑淮兵，译. 北京：中国建筑工业出版社，2010.

［11］约翰·O·西蒙兹，巴里·W·斯塔克. 景观设计学：场地规划与设计手册［M］. 朱强，俞孔坚，王志芳，译. 北京：中国建筑工业出版社，2009.

［12］伊恩·伦诺克斯·麦克哈格. 设计结合自然［M］. 黄经纬，译. 天津：天津大学出版社，2006.

［13］刘滨谊. 现代景观规划设计［M］. 南京：东南大学出版社，1999.

［14］杨至德. 风景园林设计原理［M］. 4 版. 武汉：华中科技大学出版社，2021.

［15］鲁敏. 风景园林规划设计［M］. 北京：化学工业出版社，2016.

［16］王浩，汪辉，王胜永，等. 城市湿地公园规划［M］. 南京：东南大学出版社，2008.

［17］成玉宁. 现代景观设计理论与方法［M］. 南京：东南大学出版社，2010.

［18］沈守云. 现代景观设计思潮［M］. 武汉：华中科技大学出版社，2009.

［19］朱宇林，梁芳，乔清华. 现代园林景观设计现状与未来发展趋势［M］. 长春：东北师范大学出版社，2019.

［20］栾春凤，白丹. 园林规划设计［M］. 2 版. 武汉：武汉理工大学出版社，2017.

［21］唐强. 基于生境保护的辽河三角洲绿道布局［D］. 沈阳：沈阳农业大学，2012.

［22］VAN DER RYN S, COWAN S. Ecological Design［M］. Washington, D. C.：Island Press，1996.

［23］SORVIG K, THOMPSON W. Sustainable Landscape Construction：A Guide to Green Building Outdoors［M］. Washington, D. C.：Island Press，2008.

［24］SELMAN P. Sustainable Landscape Planning［M］. London：Routledge，2012.

［25］FORMAN R T T. Landscape Ecology：Pattern, Process, and Scale［M］. Cambridge：Cambridge University Press，1995.